MEMORY

快速記憶法

三分鐘知識打包　其實唔難

Master Dragon 龍震天 著

記憶術──
改變你一生的利器

People say,'Knowledge is Power';
I say,'Memory is Knowledge.'
有道:「知識就是力量」;
我道:「記憶就是知識」。

　　一個人是否成功,知識是否豐富,全都與記憶力有關;一個記性差的人,無論在工作或感情方面都註定失敗。許多人窮一生的精力花在書本上,希望學到更多的知識,可是最終的結果卻往往是事與願違:你可能需要花很長的時間才能熟讀一本書,但沒多久後,便已把書本上的知識忘記得七七八八,於是你永遠都在重複地做同一件事:你不斷地想記下新的東西,卻又不斷地將舊的東西忘記了。我們試想像:

　　記憶力差的人，怎可能記下工作上所有重要的細節呢？即使他有最好的分析力，也不能作出最好的決定。

　　記憶力差的人，怎可能記住親友的喜惡，避免做出令對方不快的行為呢？

　　記憶力差的人，怎可能在聚會時有說不完的話題，增加自己在友儕間的受歡迎程度呢？

　　所以，要獲得知識；要做事應付自如；要在商場上叱吒風雲；要獲得朋友的歡迎的話，擁有良好的記憶力是不可以缺少的；我們甚至可以說，記憶力是成功的一大重要元素。我從未聽說過一個成功人士的記憶力是差的；相反，成功人士多數都擁有超強的記憶力，有些甚至還被人冠以「過目不忘」的稱號；因此，我們可以肯定一個事實：要成功就得擁有良好的記憶力。

　　要有效地增強記憶力，不是光靠吃補品就行，而是學習良好的記憶方法，我們稱以上的方法為「記憶術」——這並不表示吃補腦的東西對增強記憶力沒有幫助，而是說，假如你沒有良好、有系統的記憶方法的話，你是很難令自己的記憶力有所突破。

　　記憶術對學生尤其重要；真不明白為什麼學校沒有記憶術這門學

科。單靠傳統的「死記硬背」等學習模式有用嗎？別說笑了，我們的時間可不是給這樣浪費的。「死記硬背」只會令學生浪費時間，然而往往又記不牢課堂的知識，結果一下子又遭忘記了。這樣，學生只能不斷地將課文重新背誦，既費時失事，又影響課堂進度及學生的學習情緒。我想今日許多家長都擔心子女，為何總是記不住老師所教的東西，大概就是這個原因了。

　　一般人對「記憶術」的看法往往各走極端：部份人覺得它是一門艱深的學問，若非天賦異稟，又或者是經長期的訓練，才懂得當中竅門；又有部份人覺得記憶術是很簡單的東西，它背後的原理不外乎是「左腦負責記憶文字，右腦主理接收圖像，再將物件形象化放在右腦就是記憶術」了。其實以上的兩個看法都並不正確；只是大家在以前從沒有接觸過這門學問，而學校裡的傳統課程也沒有這學科的介紹，因此大部份人對它異常陌生；不幸的是，記憶術正是你我在日常生活之中最經常用到的東西。每天當一覺醒來，我們就無可避免地和記憶術有著密切的關係了。

　　記憶術和其它的學問一樣，並沒有什麼詭異之處，是一種令你能夠利用有限的腦袋來引發無限的可能的方法。由於許多學校都沒有這門科目供學生修讀，所以大家容易對這厲害的武器一知半解，因而錯

失良機,並失去了許多出類拔萃的機會。

記得有一段時間,我十分倚重自己的個人電腦記事裝置 (PDA),誤以為只要將自己的工作排程統統記錄在PDA裡的話,就不用再去為每件事費心,提升我的工作效率,最終使生活受惠,初時我都引以為豪。

後來,我卻發現:每當要面對客人時,我都總要拿出PDA才能知悉對方要查問的事項。換言之,在某程度上我的生活已被這機器操控,如果它不在我身邊的話,我的腦袋可謂一片空白!在那時候,我知道情況若長此下去,一定會有更大的問題發生,於是我決心重整自己多年來研習過的記憶法,並決心學以致用。今天,雖然我已將需要記在PDA的資料大幅減少了九成半,但我發現自己在工作及在生活上的表現更見應付自如,不但減省了搜尋資料的時間,亦大大提高了處事效率。

雖然記憶術並不是一蹴而就,它是一門學問,需要經不斷學習和實踐,才能有良好的效果;但它亦不是艱深苦澀的東西,只要知道正確的理論後,再加以練習的話,每個人都可以成為記憶大師的。

現在,我只恨自己沒有在年輕時就學會記憶術。若不是的話,那麼我的學業必定會突飛猛進。更重要的,學習將不再是一種苦

事，憑藉「記憶術」這學習捷徑幫助下，我將可以事半功倍地學到更多的知識。

如果說記憶術能夠改變你的一生絕不為過，我誠意地希望你能夠投資一些時間在記憶術這門學問上，你將來所獲得的，一定遠比你付出的時間多出數倍，甚至超越你的想像！

有見及此，我決定和文化會社推出這一本有關記憶術的書，希望藉著它將這門有用知識傳授給你，好讓自己的生活輕鬆，事事順利。

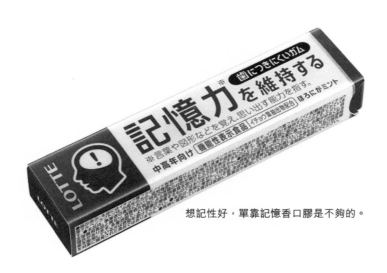

想記性好，單靠記憶香口膠是不夠的。

在閱讀這本書的時候，有數點需要注意：

1．這本書的章節次序是經過慎密設計和編排，按步就班地令你完全掌握記憶術，所以你一定要由第一章開始讀起，次序不可調亂，切勿跳讀。

2．光是閱讀本書你是無法學會記憶術。對於書中的例子，你要花點時間自己勤加練習，切忌匆匆看完此書，就錯誤地以為自己已經掌握這門學問了，這一點是很重要的；記憶力的強弱在於練習，即使是當代記憶大師，也是通過不斷練習而成。

3．記憶力的強弱取決先天因素，而是透過有目標地、經多方面的培訓來增強的。一般人都會對記憶術抱有懷疑的態度，以為關鍵是取決於天生的才能。可是事實並不是這樣，我可以説，如果你根據書中所教導的方法去鍛鍊的話，當你投放的時間越多，你的記憶能力就會越強。

1 ONE 人人都是記憶大師

2 TWO 記憶力診療室

Why NOT me? MEmoryDICATION

3 THREE 記憶術的種類

4 FOUR 記憶術實戰技巧

5 FIVE 增強記憶心得 Q&A

6 SIX 增強學習篇

第一章
人人都是記憶大師

從古到今，由東方到西方，你認為誰是記憶力最好的人？

在本章中，我們先從歷史上最有名的記憶大師講起，到商業巨人，乃至到和你和我的日常生活息息相關的都市「小人物」，你會發現人人都可以是記憶大師，甚至可以說是：梗有一位喺左近。

準確記認 600 個陌生人的名字
記憶術之父的故事

我們先由「記憶術之父」西摩尼地斯（Simonedes of Ceos）的故事說起。

西摩尼地斯是古希臘的一位著名詩人。據說有一天，他在宴會中演講時，剛巧有人通傳說宴會廳外有人要見他，於是他便暫停演講，走出會場。

就在他離開會場之際，宴會廳突然倒塌下來，會場內所有人無一倖免，悉數被塌下來的磚塊壓死。更糟糕的是，由於所有的死者都被壓得面目全非，所以當他們的親屬到場的時候，均無法辨認自己的親人。

於是，西摩尼地斯便憑藉他超卓的記憶術：他竟然可以在沒有任何紀錄、全憑記憶的情況下，根據會場內每位聽眾所坐的位置，逐一說出他們的名字！就這樣，他一個不漏地說出會場內600多個死者的

名字和他們屍首身處的地方，令死者的親人十分感激他。

西摩尼地斯的故事，至今仍為世人津津樂道，更被公認為「記憶術之父」。

學懂記憶術，腦袋便猶如內置文件櫃，資料井井有條。

從癌症病人變成記憶大師
4 屆記憶大賽
冠軍的故事

　　1999年史考特・海格伍德（Scott Hagwood）在做健康檢查時，竟發現自己罹患甲狀腺癌。切除甲狀腺後，須再接受為期3週放射性治療。

　　史考特是個認真的癌症病患者，在詳細研究甲狀腺的相關知識後，他發現甲狀腺會影響人的新陳代謝，甲狀腺有問題的人通常容易疲倦，缺乏甲狀腺素會導致注意力無法集中，有時記憶力會嚴重流失。

　　史考特說，當時他只要看幾頁書就覺得肉體和心靈疲憊不堪，完全看不懂自己讀的東西，語言能力也嚴重衰退，別人問一個問題，才想回答，思路就突然斷絕，前一刻還清醒，下一刻就什麼都不知道了。於是他開始每天花一個小時練習記憶術，後來他發現自己的腦力改善了，身體狀況也跟著好轉。

　　經過努力的自我鍛鍊，史考特連續4年贏得美國記憶大賽冠軍，他可以在一小時內記憶9副打亂的撲克牌；在一小時內記憶800多個數字，排列次序不得有一點錯誤，並在3分鐘內記憶一副洗過的撲克牌，神乎其技而成為報章媒體爭相報導的風雲人物。

倒轉背誦英文字典生字？
世界記憶大師的本領！

　　來自馬來西亞的世界記憶大師葉瑞財博士，能夠背下一本厚達2,000頁的「牛津英漢字典」。意思即是說：如果有人問他第800頁第四個字是什麼時（抽背），他能夠一下子做到。不僅如此，他還可以倒轉背出字典裡的生字，即是如果有人要他倒轉背出第965頁第十個至第一個生字時（倒背），他也可以照樣辦到。

台上一分鐘　台下十年功
Steve Jobs 的神奇把戲

　　記得蘋果電腦（Apple　Computer）公司主席Steve　Jobs，在一次產品發佈會中的表現，令我印象非常深刻。本來那次發佈會的焦點，是介紹該公司的產品：Apple iPod Video多媒體播放器和iMac電腦，但他在歷時一個小時的演講中，完全沒有看過講稿。他那超強的記憶力，簡直令人佩服，更令整個演講更具人性化和感染力。

尋找隱世記憶大師？
原來梗有一位喺左近！

推銷員的故事

在香港的名店如LV，Gucci所陳列的貨品都沒有價錢牌，當客人想知道價錢的時候，售貨員可以馬上就説出來，這些都予人專業的感覺。而這些名店的賣點就是售貨員的服務質素，而良好的記憶力正是這些售貨員成功的因素之一。

物理科老師的故事

在讀中學的時候，我遇到一位物理科老師。在每次上課時，他都總是兩手空空的走進課室。就這樣，他憑著過人的記憶將所有筆記寫在黑板上，直到學期最後一堂課都是這樣！

茶餐廳阿姐的故事

　　我時常光顧灣仔的一間茶餐廳，它令我印象最深刻的，不是店裡的食物質素，而是店老闆的一位員工。

　　記得每次我去光顧這間茶餐廳時，那位店員都總會將餐具放在我的左邊（因為我是左撇子的緣故）。不僅如此，她還會為我點選我愛吃的菜式，用餐過後又會為我奉上一杯無糖咖啡。

　　後來我又發現，原來她對其他「熟客」都是這樣！

CHAPTER 2 TWO

第二章
記憶力診療室
Why NOT me? MEmoryDICATION

在第一章中，筆者已說過其實人人都有潛質成為記憶大師。但顯然易見，在我們日常生活中，經常都踫到一隻隻「大頭蝦」。有見及此，在本章中，我除了會為你分析是哪些「致命因素」，影響我們成為記憶大師外，更會在每篇文章的末端，提供「記憶小貼士」，好讓你補補腦。

放心，方法成效甚佳，且不用服藥，絕對是健康又有益。

決不做填鴨
認識大腦記憶的局限

這天，小敏放學回家後，媽媽叫她溫習家課。

「今天老師教曉你哪些生字？」媽媽問道。

「忘記了！」小敏天真無邪地答道。

媽媽於是翻開她的書本，發現老師今天教了「Horse」。母親於是叫小敏跟著自己說「H—O—R—S—E……Horse……」。而小敏亦只好聽母親的說話，重複地唸這個生字。媽媽感到很滿意，沒多久便走到廚房做飯了。

相反，小敏的心情倒是很悶——因為她連26個英文字母也未能記得清楚，甚至分得清楚，教她又如何記住這生字呢？沒多久，她就走去看電視了。

雖然小敏的一雙小眼睛在看電視，耳朵也在聽著由電視機發出的聲音，但她的小咀裡仍不停地唸著：「H—O—R—S—E……

Horse……」。

媽媽聽到小敏在「努力溫習」，於是她就放心了，並專心地在廚房做飯。就這樣，小敏「溫習」了半個小時。

第二天，當媽媽再問小敏昨天學過什麼時，小敏卻説不出。就是這樣，小敏把媽媽弄得死去活來，媽媽最後更痛打了女兒一頓，並邊打邊罵：「你什麼也記不起，真是沒用！」

但其實，雖然小敏不大記得書本上的生字，但她卻對電視節目的內容記得一清二楚，只是不敢對媽媽説……

其實，類似的事情每天都在發生。同學時常都在努力讀書（尤其是背誦課文上），然而卻未能將課文牢記，令成績未如理想。

原來，人的大腦構造非常複雜。假如我們要學好記憶術的話，就先要認識大腦的結構，並了解它如何運作。

人的大腦分為左右兩部份：左腦負責語言、文字、數字及邏輯，右腦則負責聲音、氣味及影像。雖然左腦的記憶會較易被提取，但由於它需要花較長的時間方可鎖住記憶，所以要將記憶長期放在左腦的話，卻又並不是一件易事。另一方面，右腦負責感覺，所需要的記憶時間會較短。故此，假如要加快記憶的速度，我們就要將訊息轉化為圖像、聲音或氣味，這樣記憶便會變得越久，訊息遭遺忘的機會也就越低。

如果用「強背硬記」的方式進行學習的話，便會影響你的學習興趣，拖慢學習進度。因為你只是利用了自己的左腦，而忽略了右腦的重要性。我們每個人天生都可以利用右腦記憶，但大部份人都不曾這樣做。

為什麼呢？因為傳統的學習方式都是叫學生硬記文字（左腦記憶），而沒有教導他們將文字轉化為圖像加強記憶。

換言之，在小敏的例子中，明明她花了半小時背誦生字，到最後她卻好像「一無所獲」的元兇，是她這種「條件反射式」的學習，只

是用左腦記住生字，而沒有將它放進右腦的「長期記憶」（或「深層記憶」）之中，記憶自然很快便會消失。再說，由於人類右腦的記憶會較深，所以當小敏在邊讀邊看電視後，會較易記起節目——而非書本——內容，就是這個道理了。

　　診斷：如果我們平日只懂強記硬背的話，那當然會令我們失去學習的興趣啦！因為這種學習方或只是在加重你左腦的工作，然而閣下的右腦卻是閒著沒事可做。於是它便會自動建立圖像、聲音、氣味等（亦即是在「發白日夢」），最終影響我們左腦的學習能力。

極速領悟：
要改變光靠左腦記憶
的模式，我們才能學
得更快和更多。

腦部小遊戲
倒背電話號碼有多難？

請你用最快的時間，將自己的手提電話號碼倒轉背出來。

5秒？10秒？30秒？1分鐘？抑或⋯⋯

其實，如非經過特別的訓練下，相信沒有多少人能夠馬上做到。這是由於「數字」在客觀上並沒有什麼意義（倘若我們沒有刻意將它轉化為圖像放進右腦的話），所以我們就只有單靠長時間的強記硬背，方能將它們放進左腦。但這樣便會出現另一個問題：我們將無法把這些數字倒轉回憶出來。

為什麼？因為我們的左腦是有系統的、是順序的，所以當資料放進左腦後，你只能將資料順序地抽取出來。此外，你也將無法在資料中隨意抽取對自己有用的東西（當然是指迅速地做這個動作），例如當別人問你的電話號碼第五個數字是多少時，你只能夠在腦海中由第一個數目字數起，直到第五個，而不能一下子就跳到第五個數目字。

所以說，倒背和抽背所發揮的強大記憶功能，是傳統的記憶方法所不能做到的。

記憶力診療室
Why NOT me? MEmoryDICATION
CHAPTER 2 TWO

並非小兒科
卡通片的啟示

美國的一間研究院，曾做過以下一個有趣的實驗。

在實驗中，受測試的對象是一群7至12歲的兒童。研究者先高聲朗讀一套卡通片的情節，然後讓被測試的小朋友述說內容。調查結果顯示：只有不到百分之十的小朋友，能夠說出超過8成的情節。

接著，研究者又將同一套卡通片，透過電視機放映給另一批受測試的小朋友看，然後叫他們說出故事的情節，結果發現竟然有9成以上的小朋友，能夠說出超過8成的故事情節！

診斷：為什麼會這樣呢？因為大部份的學生，都不懂得將要背誦的東西加上影像或動作，而這些東西正是「記憶」的關鍵。沒有了影像及動作，要記的東西就沒有了「線索」，即使你的大腦已在當時記住了這件事情，但亦只是暫時性的記憶。

極速領悟：
只要我們將要記下的東西配上影像和動作，記憶就會加深。

重返現場
搜尋重要線索

　　這天，小明的媽媽在客廳中看電視，她忽然想起六合彩在昨天已經開獎了，於是她就往睡房，準備拿出彩票來核對。

　　就在她拿起銀包時，客廳的電話響了，她於是放下銀包，走到客廳拿起電話筒接聽。

　　掛線後，她又想起要往廚房煲水，於是她就往廚房走去。

　　煲了水之後，她才想起有一些事情還沒有做，可是她想來想去也記不起來。是重要的事情嗎？她完全沒有線索。

　　她坐在客廳，回憶一下，想起這件事好像是要在睡房之中發生的，但這件事情是什麼呢？她還是想不出來。

　　於是，她走到睡房，看了一下，才想起要對六合彩彩票這件事情。

原來我們身處的環境，便是記憶的關鍵。

相信大家都有過類似的經驗：在某個地方想做一件事情時，卻又被另一件事打斷了，當完成後便記不起原先想要做的事情。可是，當你回到最先的那個場所時，又會慢慢回憶起最初想要做的事情來。原來，身邊的環境，是可以幫助我們記憶的。

古希臘人在許多年前已懂得運用「聯想法」來幫助加深記憶，他們知道在記憶每件事情時，「線索」是很重要的。很多時候，我們會由一件事想起另一件事；因此，我們需要不停地利用線索去幫助記憶。

線索可以分很多種，其中一種正是「情景線索」。例如我們在回憶一個人的時候，腦海中浮現的印象不單是這個人的面孔，還有他身處的背景、場合或地方。另外，有時候你在回憶一個地方時，腦海中也會浮現當時你所遭遇到的人。不過，我們很少在憶起一個人的時候，只記得他的面孔，而對他身處的場所卻毫無頭緒。

診斷：原來，許多時我們記不起東西的最主要原因，不是我們沒有努力記住，而是我們沒有足夠的線索去勾引起這件東西出來。

極速領悟：
為記憶製造越多的線索，你就可以回憶得越多。

斑馬過馬路？
難忘的荒唐怪誕事

在一條繁忙的街道上，行人絡繹不絕。沒有人會在意誰在過馬路，又或者過路的人是什麼長相，又或是穿著什麼樣的衣服。

就在這個時候，一隻斑馬卻走在路上！行人都對此感到嘖嘖稱奇，因為他們從未見過這樁怪事。然而到了今天，即使事情過了許多個年頭，人們卻仍對這件「不合常理」的事記憶猶新。

原來，古希臘人有一種記憶方法，就是將事情想像成一些不常見到，甚至是一件不合常理的事情或情景，這樣就可以加深你對要記憶的事情的印象。換句話說，是可以大大地提高你的記憶力。

在數年前，我曾目睹一宗交通意外。事件中的男事主是從內地來港旅遊的。

當他過馬路時，由於不習慣香港的交通規則（大陸的行車方向和本地剛好相反），所以他在過馬路時只顧朝著左邊向，卻沒想到汽車

會從右邊駛過來。於是，他便被巴士撞倒，最後重傷不治。

　雖然這宗意外發生於數年前，但至今我還歷歷在目，我甚至記得事主的容貌及衣著——因為這是我親身經歷的一宗不幸事件，而自己能夠目睹交通意外的發生，機會又是很少，所以我才有這樣深刻的印象。

　相反，假如我每天都目睹一宗交通意外的話，一年下來，我就不會將每宗交通意外的細節都記得一清二楚，因為大腦對同一件事情（交通意外）的敏感程度，是會隨著經歷得越多而降低（亦即是記憶力的越弱）——不過，如果你刻意記下事件中的每個細節的話，自然又另作別論。

　記住，最重要的，是影像要夠鮮明，只要影像夠「有悖常理」便可以了。

診斷：你建構的影像太「正常」了！

極速領悟：
大腦對越「不合常理」的事情，就越容易記得緊。

想做記憶大師？你瞓醒未？

充足的休息有助記憶

記憶的關鍵，就是我們要在最好的狀態下認記。其實，不論你是正在求學時期的學童，抑或是已出來社會工作的朋友，道理都一樣。沒有足夠的睡眠時間，我們是不會記得住任何東西的。

在我接觸過的許多家長，由於他們不明白當中的原因，於是便強迫小孩子每天只可以睡6個小時，其它時間除了上學之外，就是溫習，一點自由的空間也沒有，這樣不單不會令小孩子成績有進步，也令他們的童年生活蒙上痛苦和陰影，到出來社會工作也有一定的影響。

而我亦見過很多成功或心情開朗、做事積極的客人，他們不約而同都有一個共通點，就是童年家境未必很富裕，但是卻活得很開心，父母都很尊重他們，自由度也很大；他們反而覺得生活在這樣的環境之中更能培養出自己的獨立性格，長大後反而更易找對自己的路。

診斷：睡眠是記憶的一部份，當我們睡眠的時候，大腦其實只是大部份在休息，還有小部份在工作，它的工作就是將日間所學到或遇過的東西重新整理，使這些資料進入長期記憶之中。如果我們不讓大腦休息，日間所學到的東西就不能夠好好整理，第二天很容易就遺忘了。

極速領悟：

睡眠是很重要的，不眠不休地讀書或工作只會令你身心疲累，做什麼事也不會入腦。

第三章
記憶術的種類

記憶術內裡有不同的方法，用以記憶不同的事情。

在本章中，我會為大家詳細介紹每種記憶的方法；你會發覺，除了一般人所理解的「左腦負責文字，右腦負責影像，將文字轉化為影像記憶」之外，還有很多技巧我們可以用得到的。

讓兩條平行線也可會有相交的一點
聯想法

「聯想法」，就是找出物件之間的聯繫，使兩者產生關係。

在日常生活中，我們經常都需要將大量而零散的資料牢記。不過，要把這些資料記得妥當，卻並非易事。

比方說鉛筆及電話吧：要記住它們，一般人都會就這樣記住「鉛筆」和「電話」兩個名稱。但如果你是單靠這種死記硬背的模式的話，筆者可以肯定，記15分鐘倒是可以的，但一轉眼，你的記憶便會自動消失——因為你只是用左腦去記住它；大腦在沒有圖像的支援下，自然會記不緊。

解決以上問題的最妥善方法，便是提高我們的想像力。有人天生就擁有豐富的想像力，有些則不然。

不過，大家千萬別灰心，因為「想像力」是可以通過後天的訓練得到提升。

步驟一：想像物件的外形

先想像一下物件的外形，印象便自然會更深刻。

例如你可以先想像一下鉛筆的特徵：究竟它的形狀是圓是方？長度是長或短？同樣，你亦可以將電話形像化：有人會聯想到家用無線電話，又有人會想起手提電話，亦有人會幻想是玩具電話……其實答案是什麼都沒有關係（或者該說得清楚一點：本題是沒有任何預設的答案），相反只要你在腦海中有一個清晰的形像就可以了。

步驟二：讓它們活起來！

接下來的工作，便是將物件賦予「動作」，並盡量將兩者拉到同一個場景之中，例如：

1・鉛筆插進電話裡

2・電話壓在鉛筆上

如果你能夠將兩件本來就毫不相干的物件結合的話，那麼就自然會更加省時方便啦！

順帶一提，究竟是「鉛筆插進電話裡」抑或是「電話壓在鉛筆上」才會較方便我們記憶？那就要視乎個人本身了。因為兩件物件做出動作的先後，正是決定我們提取記憶時的先後次序：「鉛筆插進電話裡」的次序為「先鉛筆，後電話」，相反「電話壓在鉛筆上」的次序則為「先電話，後鉛筆」。

專家錦囊

如何將抽象的東西形像化？

以上提到都是教你記憶實物的秘訣。可是一些概念抽象的形容詞（如「孤寒」、「清涼」和「發達」），我們又該如何將它們形像化？

步驟一：將詞語用實物代替

其實，要將以上的形容詞形像化，我們可以利用以下的方法：

孤寒：想像自己一位性格孤寒的朋友。

清涼：想像成一杯清涼茶。雖魚我們想像不到「清涼」，但「清涼茶」一詞倒很貼近。

發達：這個更簡單，將思想聯繫到一張六合彩彩票就是了。

當完成後，你便可以在腦中製作出一幕幕貫通三者的情景，例如：「我有一位孤寒的朋友，在服用清涼茶後中了六合彩（發達）！

以上的情景，文意既通順，又包含了想要記住的字眼，更有先後次序，讓人不會搞亂。

你具備奧斯卡最佳編劇的頭腦嗎？
串連法

相信大家都有過類似的經驗：對於要處理一件事情（或完成一項工作）時，明明之前自己是記得緊緊的，但不知何故，卻又一時想不出來。待別人提醒的時候，自己才「哦」的一聲猛地醒過來。

今次我將會和大家探討記憶術中另一種常用方法：串連法。

回應剛才的例子：為什麼明明之前自己是記得緊緊的，但不知何故，卻又一時想不出來。待別人提醒的時候，自己才「哦」的一聲猛地醒過來呢？

這是由於我們在提取記憶時缺乏了「線索」。在記憶術中，「線索」佔了一個十分重要的地位。「如何記憶」是一個問題，但「怎做線索」來提醒自己卻又是另一個重點。

在之前「聯想法」的例子中（鉛筆插進電話裡），當我們想起「鉛筆」時，大腦便會立時浮現「鉛筆插進電話」的影像，於是我們又

會記得「電話」了。換句話說，「鉛筆」就是「電話」的線索。

「串連法」的好處，是我們不但可以一次過牢記大量複雜的資料，我們甚至可以倒轉背和抽背。例如問你排在電視之前的東西是什麼，你會記得在吃雲吞麵的店子裡有電視看，所以排在電視之前的東西便是雲吞麵。

我聽說過在台灣的記憶術課程裡，有學生甚至可以用「串連法」將200多樣東西串連成一個故事。這麼強大的記憶技巧，實在是傳統式的強記硬背永遠無法做得到的。

要增強記憶，除了要有正確的方法外，練習也是非常重要的。在開初的時候，效果或許不會太明顯。放心，這點與先天能力無關，相反是因為你尚未習慣利用右腦配合左腦記憶，這點絕對正常。

但日子一久，你自然會有所進步，道理就和做運動一樣：在開始的時候，你只知道理論，在實踐的時候總是未能達到指標。不過，只要你依循正確的方法不斷練習，最後就可以達到揮灑自如的境界了。

腦部小遊戲
瞬間領悟記憶 20 樣東西的秘訣

以下有20項物件，請你替它們分別配上影像，然後透過動作、聲音或氣味將它們串連起來，並將它們一一記得？

01.鉛筆	02.電話	03.門口	04.炎熱
05.銀行	06.的士	07.昂貴	08.墨水筆
09.牙膏	10.手錶	11.電腦	12.眼鏡
13.冷氣機	14.銀包	15.洗頭	16.郵局
17.雲吞麵	18.電視	19.椅子	20.足球

對於這次小測驗：要有短時間內記下20樣東西，其實一點也不難！

方法是：我們先要為每件東西做一個影像。但要記住每件東西都不能單獨出現，相反是要某兩件東西聯在一起，一件接一件（即例如將第一和第二件東西放在一起，第二件東西又和第三件東西走去一

起），如此類推。那麼當我們憶起第一件東西時，我們便很快可以記起第二、第三、第四件⋯⋯直至第二十件東西了。

如果你能夠想到用故事形式，將該20件東西串連起來的話，那效果當然會更加理想，例如：

01，02（鉛筆，電話）：太憤怒了，我使勁地將鉛筆插進電話裡！

02，03（電話，門口）：電話朝門口直飛，令門都給撞爛！

03，04（門口，炎熱）：門（門口）爛了一角，陽光跑進我家中，今天天氣真是熱（炎熱）得很呀！

04，05（炎熱，銀行）：炎熱的天氣令我渾身是汗，於是我走到銀行提款，順便「嘆嘆冷氣」。

05，06（銀行，的士）：提款後，我又跳上銀行外的一輛的士。

06，07（的士，昂貴）：嘩，的士（的士）費真的很昂貴啊！

07，08（昂貴，墨水筆）：的士費幹嗎這樣昂貴？教我哪有多餘的錢去買墨水筆？

08，09（墨水筆，牙膏）：聽到一個令人非常憤怒的消息！我不禁又將墨水筆插進牙膏中。

09，10（牙膏，手錶）：溢出的牙膏玷污了我的手錶。

10，11（手錶，電腦）：我還未息怒！我將手錶大力擲向電腦。

11，12（**電腦，眼鏡**）：在電腦前放了許多副眼鏡，鏡片都給擲碎了。

12，13（**眼鏡，冷氣機**）：眼鏡的碎片飛向冷氣機。

13，14（**冷氣機，銀包**）：都是我不好，冷氣機又給弄壞了，這回又要從銀包拿錢買過一部。

14，15（**銀包，洗頭**）：銀包沒錢，真「頭痕」！莫非我沒有洗頭？

15，16（**洗頭，郵局**）：洗過頭（洗頭）後，想起要到郵局寄信。

16，17（**郵局，雲吞麵**）：往郵局寄信後，有點肚餓，於是又去吃了碗雲吞麵。

17，18（**雲吞麵，電視**）：原來，吃雲吞麵的店子裝有電視看。

18，19（**電視，椅子**）：電視正在賣著椅子的廣告。

19，20（**椅子，足球**）：在該椅子的廣告裡，有很多椅子在踢足球。

就這樣，我們就可以將該20件東西記住了。下次當我們要想起這20件東西時，便只需要記住這個故事就行了。

「餓的話，每日熬一鷹。」
省略法

　　「餓的話，每日熬一鷹」這句話不難記，但如果你能夠記住這簡單的句子，你便可以説出清朝八國聯軍內8個國家的名字？

　　不信？其實，只要你用國語將剛才的句子讀出來，你便會發現句中的每個字都代表著一個國家。

餓：俄國

的：德國

話：法國

每：美國

日：日本

熬：奧地利

一：意大利

鷹：英國

以上的方法，既輕鬆易懂，又不易被遺忘。

「省略法」，就是從要記憶的東西（例如人名、地名）各取其中一個字出來（通常都是頭一個字），再組成一個句子，以方便記憶。

例如要記住八國聯軍的組成國家吧，我可以肯定你必須花很大的心機和力氣，才可以勉強記住。然而沒過多久後，你卻又會將它們統統遺掉。為什麼？因為8個國家之間並沒有任何相關性，於是便不易被大腦接收。

可能你又會問：即使記得每個國家的首個字，亦並不代表會記得它們的全名。其實你大可不必為此擔心，因為你只要稍加複習一下，便肯定可以記得，此為左腦的功能。亦即是說：在開始練習的時候，你只要留心國家的全名便行。當你下次有需要應用的時候，左腦便會自動提供答案給你了。

以下我再引用省略法的另一個著名例子，它是由中國已故國家總理周恩來提出的。他利用4句歌訣便能概括全國30多個省、自治區和直轄市。

記中國省份

兩湖兩廣兩河山

五江雲貴福吉安

四西兩寧青甘陝

還有內台北上天

首句「兩湖兩廣兩河山」指的是:

兩湖:湖南、湖北

兩廣:廣東、廣西

兩河山:河南、河北、山東、山西

第二句「五江雲貴福吉安」就是：

五江：江蘇、浙江、江西、黑龍江、新疆（「疆」的國語發音和「江」相同）

雲：雲南

貴：貴州

福：福建

吉：吉林

安：安徽

第三句「四西兩寧青甘陝」是指：

四：四川

西：西藏

兩寧：寧夏、遼寧

青：青海

甘：甘肅

陝：陝西

第四句「還有內台北上天」在講：

內：內蒙古

台：台灣

北：北京

上：上海

天：天津

就這樣，不消15分鐘，你已經可以記住了全中國的政區！比起用強記硬背的方法，實不可相提並論。

這首詩除了用到「省略法」外，也運用了「歌訣法」，因為記歌訣是人類天生的強項，齊整的句子結構或帶押韻的句子會較易被人記住。

所以，有時如果覺得句子難記的話，不妨自己創作一首歌訣，歌訣最重要是每個句子的字數一樣，及最好押韻，這樣就可以方便大腦記憶。

破解「百事寧死靈幽靈異」的魔咒
代碼法

「百事寧死靈幽靈異」這個說話聽起來好像很古怪，也好像沒有什麼意義。讓我們先將這個句子分成4個影像，然後記下來：

百事：一位少女生活遇到諸般（百事）不順

寧死：於是她選擇走上不歸路（寧死）

靈幽：既然和「幽靈」有點相近，我們就爽性將它想像成幽靈吧

靈異：可以想像成一個靈體，或「成精」

接下來，我們就用「串連法」將4個詞語串連成一個故事：「一位少女生活遇到諸般不順，於是她選擇走上不歸路！先化做幽靈後成精。」

到底這個句子是代表什麼呢？原來那是我的電話號碼啊！下次當你想起這個句子時，你便會記得我了。

8204 0102（百事寧死　靈幽靈異）

你可能會感到十分驚訝：「原來，我們可以用以上的方法記數字！」但其實，以上的方法，早在1648年就被一位叫史登利希勞斯的德國人發現。由這位德國人發明的記憶法，史稱「代碼法」。

雖然數字的本身，並沒有什麼意義，但最不幸的是，我們每天都和它有著密切的關係：由電話號碼、銀行戶口號碼、信用咭號碼、提款密碼、貨物價錢，到出生日期都是數字。因此，要將數字記得一清二楚，我們就要學懂「代碼法」。

正如我在前文説過，要加深大腦記憶的話，便一定要將訊息轉化為影像。故此，當我們要記下數字時，就要將它們化成代碼，意思是將每一個或每一組數字換成影像，於是大腦只需要記住該影像便行了。亦即是説，當要提取某組數字的記憶時候，我們只需要將該組影像轉換成數字就可以了。

在前作《思想改變運氣　創造50倍的成就》一書中，我曾對「代碼法」作一簡述。不過各位其實不應對此感到陌生，因為大部份人在小時候已經學過！你是否記起「鉛筆1」、「鴨仔2」和「耳仔3」這些學數方法？可惜，由於大部份人在往後的日子裡沒有善用這種記憶法，於是便漸漸生疏。現在我將大家當時所學的再次列舉：

雞蛋0	鉛筆1	鴨仔2	耳仔3	交通4
秤勾5	煙斗6	拐杖7	眼鏡8	魚網9

基本上，要我們用0至9的代碼去記住簡單的數字（大概4個以下）是可以的，但當需要記下大量數字的時候（例如銀行戶口號碼便有10個或以上的數目字），便會遭遇一定的困難。

比方説要記電話號碼吧，如果我們將號碼內8個數字作單獨處理的話，你就要做8個影像。這樣問題便來了：如果影像太多的話便會互相干擾，而太多重複的影像也會造成混亂。就以我的電話號碼來做例子（8204-0102），單是一個「0」字，便出現了3次之多。

比較折衷的做法，是將兩個數字為一組化成一個影像。即：「百事」、「寧死」、「靈幽」和「靈異」4組數字，分別用「82」、「04」、「01」和「02」來表示。就這樣，如果我們要學好代碼法，那就最好先將「00」至「99」分別做出100個影像來。

在我撰寫此書的時候，我曾經參考過不少在坊間流行的數字代碼表，但我卻發現當中有不少都是用國語作聯想，於是我自行創製了一個代碼表（「龍震天代碼表」）。表中的代碼有的是取自數字的諧音，有的是某些數字會令我聯想起特定的事件（例如12代表時鐘，因為時鐘有12個刻度）。

在稍後的篇幅中，我將會把自創的數字代碼表列出，供給大家作為參考之用，也順帶解釋我是怎樣做出這些代碼的。

不過，如果你在應用此表時感到有困難，又或者不易作出聯想的話，那你便好應該加以轉換，因為每個人所認識或經歷的東西都有不同，所以就算是同一個數字，對每個人都有不一樣的意義。例如，對於「23」這個數字，有人可能會即時想到「籃球之神」米高佐敦，但有人又可能會聯想到《基本法》第23條，所以，我鼓勵你製作自己的代碼表。既可加深你的記憶力，更可發揮創意，何樂而不為？

當完成自己的代碼表後，你便可以開始進行記憶的工作了。我建議你以10個為一組，並分開10組來記，這樣便能減少混亂。分配方法如下：

第一次：00至09

第二次：00至19

第三次：00至29

第四次：00至39

第五次：00至49

第六次：00至59

第七次：00至69

第八次：00至79

第九次：00至89

第十次：00至99

　　用以上的進度表學習，好處是令你不斷重溫之前所記過的代碼，我在初學的時候也是用以上的方法的。

　　至於認記代碼的最好方法，筆者建議將代碼表寫在白咭片上（最好是每個代碼一張）：一面是數字，另一面是它所屬的代碼。由於白咭片輕便易用，又方便攜帶，所以你就可以隨時隨地溫習。

　　一般來說，如果你能夠每天花上一個小時練習的話，我可以肯定在數個星期後，你將可以完全熟記這些代碼。在開始的時候可能會辛苦一點，但切忌半途放棄，因為你今天付出的時間，將大大方便你日後的生活及精神負擔。即使你的進度未如理想的話，也不用太著急。所謂「自古成功在嘗試」，只要你努力堅持，便一定會有良好的表現。

專家錦囊
龍震天代碼表

　　以下我將會把自創的數字代碼表列出，供給大家作為參考之用，
也順帶解釋我是怎樣做出這些代碼：

00	鈴鈴（我會想像小孩玩耍的搖鈴）
01	靈幽（我會想像一縷輕煙）
02	靈異（我會想到碟仙）
03	靈山（我會想到墳墓）
04	寧死（我會想到吞舌自盡）
05	靈葫（我會想像成一個葫蘆）
06	零綠（我會想成一個綠色圓點）
07	零七（我會想起占士邦）
08	靈化（我會想起火化）
09	菱角（即幾何圖形）

10	腸蛋（形狀似腸蛋）
11	筷子（形狀似筷子）
12	時鐘（時鐘上有 12 小時的刻度）
13	巫婆（我會想起「13 不祥」，所以想起巫婆）
14	棺材（「14」和廣東話「實死」相似，我會想起棺材）
15	鸚鵡（和「一五」的國語發音相似）
16	衣鈕（和「一六」的國語發音相似）
17	油漆、玉器（和「一七」的國語發音相似）
18	一巴（和「一八」的國語發音相似）
19	一腳（和「一九」的國語發音相似）
20	貞子（「二零」的國語發音和「惡靈」相似，我會想起午夜凶鈴裡的貞子）
21	啤牌（我會想起廿一點，所以想起啤牌）
22	枕頭（「22」好像兩個人在睡覺，所以我會想起枕頭）
23	駝峰（「3」字好像駝峰，「23」我會想起兩個駱駝的駝峰）
24	死魚（「二四」的廣東話發音和「易死」相似，我會想起死魚）
25	二胡（「二五」的國語或廣東話發音皆相似）
26	魚露（和「二六」的發音相似）
27	耳機（和「二七」的國語發音相似）

28	惡霸（和「二八」的國語發音相似）
29	攪拌機（「二九」的廣東話和「易攪」相似，所以我會想起攪拌機）
30	三菱汽車（「三零」的廣東話和「三菱」同音，所以我會想起他們出產的汽車）
31	鯊魚（「三一」的國語發音和「鯊魚」相似）
32	電話（「三二」的廣東話發音和「生意」相似，做生意需要用電話和客戶溝通，所以我會想起電話）
33	閃閃星（和「閃」的國語發音相似，所以我會想像成閃閃星）
34	口罩（「三四」的廣東話發音和「沙士」相似，我會聯想到口罩）
35	珊瑚（「三五」的廣東話發音和「珊瑚」相似）
36	山路（「三六」的廣東話發音和「山路」相似）
37	山雞（「三七」的國語發音和「山雞」相似）
38	八婆（古稱「長舌婦人」為「三八」）
39	山狗（「三九」的廣東話發音和「山狗」相似）
40	司令（「四零」的廣東話發音和「司令」相似）
41	石椅（「四一」的國語發音和「石椅」相似）
42	洗耳（「四二」的廣東話發音和「洗耳」相似）
43	洗衫（「四三」的廣東話發音和「洗衫」相似）

44	石獅 (「四四」的國語發音和「石獅」相似)
45	師傅 (「四五」的國語發音和「師傅」相似)
46	死路 (「四六」的廣東話發音和「死路」相似)
47	的士司機 (「四七」的國語發音和「司機」相似，我會想起的士司機)
48	小巴 (「四八」的廣東話發音和「小巴」相似)
49	死囚 (「四九」的國語發音和「死囚」相似)
50	成龍 (「五零」的國語發音和「武林」相似，我會想起成龍在比武)
51	跳舞 (「五一」的國語發音和「舞衣」相似，我會想起跳舞)
52	攀繩 (「五二」的廣東話發音和「唔易」相似，我會想起攀繩)
53	吳生 (「五三」的廣東話發音和「吳生」相似，我會想起一個姓吳的朋友)
54	烏龜 (「五四」的廣東話發音和「唔死」相似，我會想起烏龜)
55	掩口 (「五五」的廣東話發音和「唔唔」相似，我會想起自己的口給人揜住不能發出聲響，所以發生「唔唔」聲)
56	白信封 (「五六」的廣東話發音和「唔撈」相似，我會想起辭職，所以想起白信封)
57	關刀 (「五七」的國語發音和「武器」相似，我會想起關刀)
58	尾巴 (「五八」的國語發音和「狐巴」相似，我會想起狐狸的尾巴，所以想起尾巴)

59	五角形（「五九」的國語發音和「五角」相似，我會想起五角形）
60	「磠齡」（「六零」的廣東話發音和「磠齡」相似）
61	磠柚（「六一」的廣東話發音和「磠柚」相似）
62	紅酒（「六二」的廣東話發音和「路易」相似，我會想起名酒「路易十三」，所以想到紅酒）
63	陸生（「六三」的廣東話發音和「陸生」相似，剛巧有一世叔伯姓陸，所以我會想起他）
64	淥四輪車（「六四」的廣東話發音和「淥四」相似，所以我會想到淥四，而我的影像則是淥一架四輪車）
65	蜈蚣（「六五」的廣東話發音和「老蜈」相似，我會想起很老的蜈蚣）
66	眼球（「六六」的廣東話發音和「look look」相似，所以我會想起眼仔碌碌，想到眼球）
67	Mastermind（「六七」的廣東話發音和「邏輯」相似，我會想到著名的邏輯遊戲：「Mastermind」）
68	蘿白（「六八」的廣東話發音和「蘿白」相似）
69	老狗（「六九」的廣東話發音和「老狗」相似）
70	麒麟（「七零」的國語發音和「麒麟」相似）
71	7-Eleven 便利店（71 立即聯想到 7-Eleven 便利店）

72	叉燒意粉 (「七二」的廣東話發音和「叉意」相似，我會想起叉燒意粉)
73	出生 (「七三」的廣東話發音和「出生」相似，影像可以是一個剛出生的嬰兒)
74	交通意外 (「七四」的廣東話發音和「車死」相似)
75	茶壺 (「七五」的廣東話發音和「茶壺」相似)
76	盜賊 (「七六」的廣東話發音和「賊佬」相似)
77	Kiss (「七七」的廣東話發音和「親親」相似，我會想到 Kiss)
78	旗袍 (「七八」的國語發音和「旗袍」相似)
79	汽球 (「七九」的國語發音和「汽球」相似)
80	啤鈴 (「八零」的廣東話發音和「啤鈴」相似)
81	白衣 (八一國語發音和「白衣」相似，我會想到白色的衣服)
82	罐裝百事可樂 (「八二」的廣東話發音和「百事」相似)
83	爬山 (「八三」的廣東話發音和「爬山」相似)
84	巴士 (「八四」的廣東話發音和「巴士」相似)
85	月亮 (「八五」我會聯想到「八月十五」，想到月亮)
86	「洗頭水」 (「八六」的廣東話發音和「髮露」相似，我會想到洗髮露)
87	「銀紙」 (「八七」的廣東話發音和「發鈔」相似，我會想到銀紙)

88	爸爸（「八八」的國語發音和「爸爸」相似）
89	排球（「八九」的廣東話發音和「排球」相似）
90	啞鈴（「九零」的廣東話發音和「舊鈴」相似，我會想到舊的啞鈴）
91	球衣（「九一」的國語發音和「球衣」相似）
92	網球（「九二」的國語發音和「球兒」相似，我會想到網球）
93	舊衫（「九三」的廣東發音和「舊衫」相似）
94	調酒師（「九四」的國語發音和「酒師」相似）
95	酒壺（「九五」的國語發音和「酒壺」相似）
96	酒樓（「九六」的國語發音和「酒樓」相似）
97	回歸（「九七」是香港回歸的日子，我會想到回歸時人山人海的情況）
98	酒吧（「九八」的國語發音和「酒吧」相似）
99	舅舅（「九九」的廣東話發音和「舅舅」相似）

當熟讀以上的代碼後，你便可以將所有數字轉換成代碼，方便大腦的記憶。

極速領悟：
要加深大腦記憶的話，便一定要將訊息轉化為影像。

「裘祈聯婚」男女兩家的煩惱
移花接木法

　　我有一個余姓的朋友，他生了一個女。他想我替他的女兒起個名字，於是我便建議用「Simone」（讀音像「是芒」）。

　　他想了想，又說：「恐怕還是不太好呢！因為我姓余，倘若女兒叫Simone的話，那麼我怕她上學後會給人起了個花名叫「三文魚」（Simone Yu）。」

　　人最怕就是被人起「花名」，起得好還可以，否則便糟糕了。因為「花名」通常都是較順口易記，令人印象深刻。原來，記人名最厲害的武器，就是替人起「花名」，在記憶術的領域裡，這種方法有一個專稱，叫「移花接木法」。

　　「移花接木法」，就是用別的事物代入原來的物件之中，以加深大腦的記憶，而「移花接木法」最常用到的情況，就是當我們要記住別人的名字時。無怪乎當裘宅和祈宅要聯婚的時候，兩家人均感到尷

尬，生怕被別人誤以為他們的婚事兒戲，甚至會惹人暇想：幹嗎要那麼倉促行事？莫非是珠胎暗結？

　　為什麼我們的名字會這樣難記呢？因為人的名字，可以是沒有意思的文字組合。除非你要記的是政客或明星一類人的名字，否則在一般情況下，我們的名字都不易被記起：尤其當大腦並沒有處理過這些訊息的經驗（因為大多數人的名字都不一樣），因此腦部在存放訊息或提取記憶的過程中，會遭遇到相當大的困難。

　　在另一方面，「花名」又為什麼會容易給記住呢？因為「順口」，而且它的來歷全部都有根有據（例如我們會將口大的人叫「大口仔」、個子高大的人叫「高佬」）。有時我們又會根據一個人姓名的諧音來為他起「花名」（例如在篇首提到的「Simone Yu」），這些都是便捷我們記憶的好方法。

當然，並不是每個人的名字，都可以輕易地找到一個合適的「花名」。在這種情況下，我們就要利用自己的想像力，將名字轉化為諧音。

不過，可能有人又會覺得利用這種方法，將文字轉為諧音會很困難，其實不然。最重要的，就是我們要將名字用諧音轉化為易記的東西，並使之形像化，例如：

陳潔儀：我是曾（陳）和你結（潔）義（儀）金蘭的好姊妹
黃河清：黃（黃）河（河）水很清（清）澈
蘇芷慧：蘇（蘇）格拉底很有智（芷）慧（慧）
鄒一凡：每到周（鄒）一（一），我的心情就會很煩（凡）悶
李巧雲：李（李）同學在考（巧）試途中暈（雲）倒了

「移花接木法」的另一個用處，就是將一些抽象的東西，利用可以聯想的事物連起來。例如要記下「德國」這抽象的名詞時，你可以轉移視線，想像由該國出產的「賓士（Benz）」汽車，這樣你就會很容易做出一個影像，方便大腦記憶。在下次要提取（recall）記憶時，你只要將Benz轉換回「德國」就可以了。同樣道理，要記住「日本」，我們可以將該國連繫到「日本拉麵」的構圖；到你需要回憶的時候，就只要將拉麵轉換回「日本」便行。

專家錦囊
揭示高價車牌的秘密

　　大家有沒有發現：在車牌拍賣會上，通常「叫價」較高都是以下的數字組合？例如：18、38、168、888和1997等。

　　為什麼這些車牌號碼會特別容易被人記住呢？它們當中又有何特別之處？

　　原來，這些車牌號碼是有以下的含義：

18（實發）

38（生發）

168（一路發）

888（發發發）

1997（香港回歸中國的年份）

　　由於這些車牌都是較「吉利」或本身具有特別的意思，所以當我們在記下這些數字組合時，很容易便會將之轉化為容易記憶的文字。

故此，即使我們不懂記憶術也好，我們也會在不知不覺間運用這些技巧，幫助記憶事物──我們稱這個竅門為「諧音法」。

　　其實，在很久以前，古希臘人已經懂得利用諧音法幫助記憶了，並將一些在表面上沒帶任何意義或關聯的東西（例如數字）轉化成為帶有意思的文字，以方便記憶。

　　所以，諧音法最好用來記人名、生字，因為這些都是沒有意義的發音。

將要記憶的統統交給身體各個部位吧！
人體部位法

在古希臘的社會裡，十分著重詩詞歌賦。不過，由於當時沒有紙和筆，所以就算他們想將自己的創作記下，都不是一件易事。於是，他們就發展出一套完善的記憶方法，而其中一種記憶秘訣就是：人體部位法。

「人體部位法」的原理，就是將人體分成10份，再將要記住的東西放上去，於是我們便可以一次過記住的東西可多達10項。舉例，如果我們要記住以下事物：

01· 棺材
02· 鸚鵡
03· 網球
04· 蜈蚣
05· 珊瑚
06· 排球

07· 汽球

08· 電話

09· 女人

10· 「掘頭巷」

之後，我們將人體分成10個部位：

01· 頭

02· 眼

03· 鼻

04· 咀

05· 頸

06· 胸

07· 肚

08· 膝

09· 腳

10· 手

完成後，我們只要將該10樣東西，分別放進各個部位之中，再加以聯想就是了。

第一組：頭和棺材

影像：在頭上放了一副棺材，遠看就像是一頂帽子。

第二組：眼和鸚鵡

影像：眼睛看到鸚鵡跳來跳去，然後牠跳過來啄我的眼睛。

第三組：鼻和網球

影像：鼻子被高速飛過來的足球撞個正著，疼痛非常。

第四組：咀和蜈蚣

影像：咀裡塞滿了蜈蚣。

第五組：頸和珊瑚

影像：頸上掛滿了紅色的珊瑚，很是好看。

第六組：胸及排球

影像：胸部被排球撞個正著，隱隱作痛。

第七組：肚及汽球

影像：有個小朋友拿著籃球朝著我直衝過來，肚子給汽球撞個正著。

第八組：膝及電話

影像：雙膝被電話撞到，現在仍感到很痛。

第九組：腳及女人

影像：有位女士暈倒在地上，我不小心踩到她。

第十組：手及「掘頭巷」

影像：我在「掘頭巷」裡，用手推向前面的牆。

「人體部位法」最特別之處，就是將物品與相對器官（例如眼和鸚鵡）加以聯想，使之成為一幅富動感的影像；再利用該器官的特點加以想像，使影像變得更易記憶；比方說「鼻和足球」，你不能只想像足球放在鼻上，相反你要想像為將球撞向鼻子，令人感到十分疼痛才可以。

當你熟記了由這10組事件構成的影像後，你便可以輕而易舉地背出該10樣東西了。而「人體部位法」比其他記憶術優勝的地方，是它可以幫助你順背和倒背。讓我們來試一下：10個人體器官就是10個需要記憶的東西之線索，當我們想到哪個部位時，我們就可以想像到要記住的東西，一樣也不會漏：

第十樣東西的線索：手——手拿著一條掘頭路

第九樣東西的線索：腳——腳錯踏在一個女士上

第八樣東西的線索：膝——膝頭被電話撞擊，很痛

第七樣東西的線索：肚——肚子被小孩子拿著的汽球撞過來

第六樣東西的線索：胸——胸部被飛來的排球撞擊

第五樣東西的線索：頸——頸上掛著紅色的珊瑚

第四樣東西的線索：咀——咀巴塞滿許多條蜈蚣

第三樣東西的線索：鼻——鼻子被飛來的網球撞過正著

第二樣東西的線索：眼——眼睛被跳過來的鸚鵡的咀巴啄中

第一樣東西的線索：頭——頭上頂著一副棺材

記憶術最妙的地方在於不僅是順背，就算是倒背、抽背也可以揮灑自如。就算有人問你中間任何一樣東西，你都可以毫無困難地回憶出來：

電話之前的兩樣東西是什麼？

電話，你立即想到膝蓋。膝蓋之前是肚子及胸部，你立即會想到汽球及排球。

珊瑚之後的第四樣東西又是什麼？

珊瑚，你立即想到頸，然後是胸、肚、膝和腳，第四樣東西就是腳下的影像，答案是一位女士。

這些都是傳統的強記硬背永遠沒有法子做得到的東西。

雖然根據「人體部位法」，你只能記下最多10項東西，但如果你需要記下20項東西時，又是否代表這種記憶法無用武之地？非也。你只要將人體再細分成廿個部位，然後在每個地方都放上不同的東西，便可以解決問題啦！

大家已經記熟了這10樣東西了吧？其實，這10樣東西，看似毫無關連和意義，但實際上，這10樣東西其實就是之前學過的「數學代碼法」的10個數字代碼。將這10個代碼順序連接起來，前面再加一個「3」，就是圓周率的小數位頭20個數字：

3.14159265358979321846

原來我們在不知不覺間已經記下了圓周率的頭20個小數位了！我想說明一點，這個世界裡是沒有記不下的東西的，只看你有沒有方法去記憶而已。

但如果我們需要記住的東西超過20樣，那該怎辦？這時候，我們就要用另外一些更強大的記憶法了，例如「物件部位法」、「羅馬房間法」和「地點法」都是為了用來記憶大量東西而設的。

「人體部位法」是眾多「部位法」中最易掌握的一環。當你明白了「人體部位法」之後，接下來當你要研習「物件部位法」、「羅馬房間法」和「地點法」時，就會更易掌握。

只要物盡其用，茶煲其實不「trouble」
物件部位法

許多人由於工作關係，需要記下大量的資料（如產品銷售員），他們時刻都需要將每件產品深入了解，以便客人在查詢的時候，可以將產品的資料作詳細介紹。在這個時候，「物件部位法」便是另一個好幫手。

「物件部位法」與之前提到的「人體部位法」原理一樣，就是將物件分成不同的部份，並將待記憶的東西放進去。

例如我們要的記憶任務是：「龍井茶的特點」。很明顯，這是和茶葉有關的資料。在這個情況之下，我們就可以利用和茶葉有關東西，而當中我就會聯想到「茶煲」(當然，茶壺亦可以)。

和「人體部位法」一樣，我們將茶煲分為5個部份，分別是：

1·茶煲咀
2·茶煲柄

3 · 茶煲蓋

4 · 茶煲底

5 · 茶煲內部

接下來就可以將要記憶的5樣東西分別放進不同的地方了。

第一組：茶煲咀和杭州

影像：談到杭州，由於我會首先想到當地的名菜「龍井蝦仁」，所以我會聯想到一隻龍井蝦仁走在茶煲咀上，並堵塞住煲咀。

第二組：茶煲柄和綠茶

影像：我會想到「日本綠茶」，所以我們可以想像一個茶包掛在茶煲柄上。

第三組：茶煲蓋和綠色

影像：這個簡單得多了，只要想像茶煲蓋是綠色便行了。

第四組：茶煲底部和香郁味醇

影像：我們先將「香郁味醇」轉化成影像，我會想到拜祭時所用的檀香。我們可以將影像想像成茶煲的底部有一枝檀香在燃燒，隨著檀香散溢出來的煙四處飄動（香郁）；而味道則好像紅酒那樣香醇。

第五組：茶煲內部和被乾隆皇封為「御茶」

影像：在茶煲的內部，乾隆皇穿著有「龍」的花紋的龍袍在嘆茶。在茶杯中有一條魚，因為「魚」和「御」的發音差不多，所以又

聯想到「御茶」。

就這樣，我們便可以將5個有關龍井茶的資料，分成5個不同的部位記下來了。大家看看，以上的做法是否方便又容易？

原則上，利用有關的東西作「物件部位法」會較易回憶，因為物件本身就是一個線索。例如龍井茶，我立時想到茶煲。如此伸延下去：要記住普洱茶的資料，你可以將茶杯分成不同的部位。同樣，要記住鐵觀音茶的資料，你又可以用煲水沖茶用的壺來做影像，如此類推。

專家錦囊

Give meMORY a free drive

在剛才提到的例子中，我們學到將要記憶的資料依次放進茶煲的5個不同位置之上。但如果你要記住多些東西的話，我們就可以利用大一點的物件來做影像。

比方說車子吧，我們可以利用車子的10個不同部位做影像，例如：

01. 車頭蓋

02. 倒後鏡

03. 車門

04. 車尾箱

05. 死氣喉

06. 司機位隔離的前坐位

07. 司機位

08. 吠盤

09. 波箱

10. 煞車腳踏

要留意的是這些部位的排列要順序及有系統，這樣就可以方便我們在回憶時，能較有系統地抽取所需要的資料出來。

即使我們要記住的東西未必和該件物件有關，但我們亦可以利用不同的東西作記認。就用以上的例子來說，假設我們要記住以下10樣東西：

01. 手錶

02. 牙刷

03. 毛公仔

04. 鞋

05. 燈泡

06. 杯

07. 時鐘

08. 書籍

09. 毛巾

10. 冷氣機

我們可以利用汽車的不同部位作認記，過程如下：

第一個地點及要認記的東西：車頭蓋及手錶

影像：車頭蓋被手錶刮花了

第二個地點及要認記的東西：倒後鏡及牙刷

影像：倒後鏡很骯髒，要用牙刷來清潔

第三個地點及要認記的東西：車門及毛公仔

影像：車門的把手掛著一個裝飾用的毛公仔

第四個地點及要認記的東西：鞋及車尾箱

影像：買了很多鞋，放了在車尾箱

第五個地點及要認記的東西：死氣喉及燈泡

影像：死氣喉裝了一個燈泡，它正在亮著

第六個地點及要認記的東西：司機位隔離的前座位及杯

影像：座位上放了一個盛滿水的杯，只要車子一開動，杯裡的水就給打翻了

第七個地點及要認記的東西：司機位及時鐘

影像：司機位上放了一個時鐘，如果司機一屁股就往上坐的話，便會感到不舒服

第八個地點及要認記的東西：呔盤及書籍

影像：馬路上很塞車，所以拿了一本書放在呔盤上看

第九個地點及要認記的東西：波箱及毛巾

影像：波箱上有毛巾蓋著

第十個地點及要認記的東西：剎車腳踏及冷氣機

影像：剎車腳踏是這輛汽車的冷氣機開關

就這樣，我們就可以花很少的時間將10樣東西記了下來。

誰比你更熟悉自己的房間？
羅馬房間法

　　現在試想像一下自己睡覺的房間，然後找10個地點出來，例如：書枱、椅子、冷氣機，而條件是這些東西都是固定的，並不常常改變位置。就好像放在書桌上的水杯就不適合了。

　　當完成後，我們就可以學習另一個有用的記憶法技巧：房間地點法。

　　在遠古時代，已有「羅馬房間法」（Roman Room System）的記載了。方法是將房間分為10個部份，而在每個部份

都放一樣要記認的東西進去。但要記住：每一個部份的位置，都一定要順序——只有這樣你才可以在回憶時，順序將要認記的物件一一憶記。

　　例如在我的房間裡面（根據物件擺放的位置順序），我會將它分成以下10個部份：

01. 房門口

02. 書桌

03. 電視機

04. 書櫃

05. 睡床

06. 冷氣機

07. 雜物櫃

08. 房間窗戶

09. 衣櫃

10. 鞋櫃

在分配好房間裡的10個地點之後，我們就可以將要認記的東西放進去了。比方說我要認記以下10樣東西：

01. 魚露

02. 洗衣服

03. 「八婆」

04. 電話

05. 汽球

06. 武林

07. 惡霸

08. 巴士

09. 一腳

10. 7-11

我們將以上10樣東西依次序放在房間10個地點之內，然後就該房間地點做一個影像。

第一組：房門口及魚露

影像：我在房門口放了一瓶魚露。後來，那瓶魚露不小心給踏碎，弄得滿屋都是碎片

第二組：書桌及洗衣服

影像：我在書桌上洗衫，弄得連桌上的電腦都壞了

第三組：電視機及「八婆」

影像：一個可惡的人站在電視機前，阻著我看電視節目，真是討厭

第四組：書櫃及電話

影像：書櫃裡放了一個電話，電話正在鈴鈴作響

第五組：睡床及氣球

影像：我在睡床上放置一個汽球，可惜在睡覺時，自己不小心將它弄破

第六組：冷氣機及武林

影像：成龍在冷氣機前，嚷著要和李連杰比武

第七組：雜物櫃及惡霸

影像：一個惡霸衝進房間，厲聲說要搶走我的雜物櫃，因為在那個櫃裡藏有很多值錢的東西

第八組：房間窗戶及巴士

影像：在房間窗戶外，我看到一輛巴士失控，並撞到數名途人

第九組：衣櫃及一腳

影像：由於之前我在亂發脾氣，一腳往衣櫃踢去，令衣櫃門爛了

第十組：鞋櫃及7-11

影像：鞋櫃裡有很多汽水，那都是從7-11便利店買來的

就這樣，我們可以利用「羅馬房間法」去記住這10樣東西。

「羅馬房間法」和之前提到的「人體部位法」、「物件部位法」一樣，可以讓我們順背、倒背或抽背；而選取房間地點的時候，我們要以10個為一組，切忌過多或者過少。為什麼？因為那可以使我們在需要的時候，能夠作有系統、快捷且準確地回憶起需要記認的東西。比方說：假如我們要記50樣東西，那我們可以利用5個房間，而每個房間又抽取10個地點來記認：

01. 第一至第十項東西：放在客廳的10個地點裡

02. 第十一至第二十項東西：放在睡房裡

03. 第二十一至第三十項東西：放在洗手間裡

04. 第三十一至第四十項東西：放在廚房裡

05. 第四十至第五十項東西：放在書房裡

就這樣，當別人問起第三十七項東西是什麼來時，我們的腦海便可以馬上跳到第四組（即廚房），然後再數第七個位置（例如說是廚房裡的雪櫃），這樣就可以不用由第一個數起那樣費時失事了。

所以每個房間所記認的地點，都應以每5個或10個為一組，以便我們能夠即時回憶起某個位置的某項東西，而不用由頭開始數起。

　　順帶一提，本文所認記的10樣東西，如果你查閱附錄的「龍震天數字代碼表」，你便會得出一段20個位的數字：

2643383279502884 1971

　　這段數字正是圓周率小數位後第二十一至第四十個位的數字。連同前文的20個數字，我們已經毫無困難地記下了圓周率小數位後的40個數字了！

記憶大師行走江湖之終極法寶
地點法

　　我可以大膽地向你說：如果沒有了「地點法」（Loci　System）的出現，那就不會有什麼「記憶術」。現今的「記憶大師」，他們在「世界記憶術大賽」之中，所用的都是「地點法」。

　　「Loci」一字為希臘文，意思即是「Location」（地點）。記憶需要線索，而地點法則為我們提供大量的線索，幫助我們加深記憶。

　　「地點法」（Loci　System）為當今世上一致被認定為最有效的記憶方法。它其實是由最簡單的「人體部位法」和「羅馬房間法」再發展出來的一種記憶術。

　　「地點法」的運作原理和「羅馬房間法」一樣：將不同的街道上的地點，如大廈入口、食肆、商場入口和舖頭等順序地分10個為一組，再在這些地點放進需要認記的東西。

　　「地點法」的好處，是因為它利用街道上的建築物來作想像的地

點，而不再局限於某個房間之中，故此你可以想像到的是：它用以藏下要認記的東西的位置，絕對是比任何一種記憶法都要多！試想想？由你早上踏出家門開始起計，到你工作的地方，再到你前往吃午飯、晚飯的途中，會有多少個地點可以供你利用？還未加上你平日逛街購物和進行其他消遣活動的地方。

例如我們要認記以下10樣東西：

01. 老狗　　02. 山狗　　03. 球賽　　04. 茶壺　　05. 腸蛋

06. 尾巴　　07. 貞子　　08. 回歸　　09. 死囚　　10. 石獅

我們可以將這些東西放進預先想好的10個地點之內。就拿銅鑼灣的商場或店舖做例子（因為我比較熟悉銅鑼灣崇光百貨公司附近的街道及店舖，當然你自己也會有自己熟悉的街道及店舖，所以你也可以利用你自己熟悉的街道及店舖來做地點。）

我這10個地點是順序由上至下，到下面盡頭的時候就找對面街的地點由下至上，雖然不是成一直線，但卻是順序一路走，所以沒有問題。讀者也可能會有這種情況，同一條街道上找不到10個地點，這時候就可以想像自己過馬路，再走回頭就可以了，不過最重要的是，你能夠記得自己腦海中走過的地點就可以了。

地點一：崇光百貨公司門口

地點二：金百利商場門口

地點三：銅鑼灣地鐵站入口

地點四：施華洛世奇水晶店門口

地點五：名店街入口

地點六：明珠廣場入口

地點七：惠康超級市場入口

地點八：宜家傢俬入口

地點九：皇室堡入口（對面馬路）

地點十：恆隆商場入口（對面馬路）

記利佐治街

■ （地點一）崇光百貨

■ （地點二）金百利商場

■ （地點三）銅鑼灣港鐵站入口

■ （地點四）施華洛水晶入口

■ （地點五）名店街入口

百德新街

■ （地點十）恆隆商場入口

■ （地點六）明珠廣場入口

■ （地點七）惠康超級市場入口

■ （地點八）宜家傢俬入口

■ （地點九）皇室堡入口

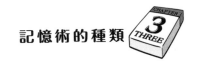

接著我們就把要認記的東西放進去：

第一組：「崇光百貨公司入口」和「老狗」（我會想像成貴婦狗，因為我朋友有一隻很老的貴婦狗）

影像：崇光百貨公司有一隻老狗在看門口。

第二組：「金百利商場入口」及「山狗」（我會想像成金毛尋回犬，因為很多行山人士都會帶金毛尋回犬一起上山。你也可能會想像成山上的野狗，這個當然是可以的，最重要是你能夠記住就可以了。）

影像：金百利商場入口有一隻由山上走下來的狗。

第三組：「銅鑼灣地鐵站入口」及「球賽」

影像：大球場舉行球賽，很多人從銅鑼灣地鐵站入口湧上來。

第四組：「施華洛水晶店門口」及茶壺

影像：施華洛水晶店門口放著一個水晶茶壺。

第五組：「名店街入口」及「腸蛋」

影像：名店街入口有街邊檔賣腸蛋。

第六組：「明珠廣場門口」及「尾巴」

影像：明珠廣場門口有一條尾巴經過。

第七組：「惠康超級市場」及「貞子」

影像：惠康超級市場來有售賣「午夜凶鈴」影碟。

第八組：「宜家傢俬入口」及「回歸」

影像：要回歸了，有很多人在宜家傢俬買新居用品準備慶祝回歸。

第九組：「皇室堡入口」及「死囚」

影像：皇室堡戲院正在放映電影「巴比龍」（因為我對「巴比龍」這套關於死囚的電影印象深刻。如果你有自己的影像，你也可以自行代入）。

第十組：「恆隆商場入口」和「石獅」

影像：恆隆商場入口放了一對石獅，因為它對風水有幫助。

就這樣，我們就可以將要認記的東西全部利用「地點法」記下來了。和之前所介紹過的記憶法一樣，你可以順背、倒背，甚至抽背也全無難度。

例如我問你回歸之前是什麼東西？你先想像「回歸」這個影像是放在那個地點？對！答案是「宜家傢俬」，因為「要回歸了，有很多人會去宜家傢俬買東西準備回歸」，然後再想「宜家傢俬」這個地點之前的地點是什麼？這時心裡就沿著較早前所記下的路線走，答案是「惠康超級市場」，再繼而想像得到「惠康超級市場」有「午夜凶鈴」的影碟售賣，所以「回歸」之前的一樣東西是「貞子」。

　　以上只是一個例子。再說一次：你所設立的地點未必是我建議那10個。因為每個人所認識的地點都不同，你有可能不太熟悉哪裡是「宜家傢俬入口」，你大可以將你自己熟悉的街道或建築物做地點，最重要是你自己能夠回憶得到就可以了。

　　都記下來了嗎？以上的10樣東西，其實就是圓周率小數點之後的第四十一至第六十個數字，將以上認記的東西利用「數字代碼法」轉換，得出以下結果：

01. 老狗：69

02. 山狗：39

03. 球賽：93

04. 茶壺：75

05. 腸蛋：10

06. 尾巴：58

07. 貞子：20

08. 回歸：97

09. 死囚：49

10. 石獅：44

　　於是，整串數字為：

6939759310582097494

「地點法」被廣泛地應用於認記大量資料之中。例如：背字典、背聖經、背詩詞歌賦和課文等等。而記憶大賽的參賽者都是利用「地點法」去記憶數目字、人名和啤牌等。

　　以上就是記憶術的種種方法。可是，光是了解方法還是不夠的，在下一章中，我將會為大家介紹如何利用不同的方法去記憶不同的資料；因為不同的記憶方法會有不同的特性，所以並沒有一種記憶方法可以適用於所有記憶的範疇上，我們一定要活學活用才能全面將記憶術應用在日常生活或工作中。

專家錦囊
地點記憶法應用小貼士

除了可以在自己慣常活動的地方作為地點之外，你也可以在出外旅行時留意所看到的地點，這樣在旅行過後你會對去過的地方印象深刻，因為你有刻意留心身邊所看到的景點，在回來後也可以不停的放東西進去做練習，這樣就不會浪費你旅行的時間，過後還可以有很深刻的回憶。

大部份人在參加旅行團的時候，都會乘坐旅遊巴士，他們只會「上車就睡覺，落車就找洗手間」。旅行回來後，被人詢問去過什麼地方都是印象模糊；但如果在旅行途中不停地認記地點，待回來後用作記認東西的話，印象便一定深刻得多了。

做地點，要10個一組或5個一組，不能超出此範圍。因為齊整的地點數目可以幫助我們快速回憶起要認記的東西；而且，地點要順序，因為方便我們日後可以準確無誤地回憶起所認記的東西。

AFE

'ROCKS!

EXAM review by end of TUE.

Talk with "Marketing Developer"

What's NEXT?

WORK SMART!

job! job!

SUCCESS

EAM MEETING AT 3PM 6 FLOOR

Thanks for helping me!

marketing meeting 9 a.m

E

HAPPY

DO It!

marketing xing

WORRY LESS ♥

To do list...

Goal!

BE HAPPY!

"W Me -TA LE

OR?OW

S UP

GOALS

DON'T BE LATE !!

TAX

MEETIN AT 11 AM

TODAY IS YOURS

E

D

PLANT NEW CACTUS

To: Amy thanks for your inspiration! xoxo

WORK SMART!!

IMAGINE !!!!! chedule

POSITIVE THINKING

ffee?? SS

WE CAN!!!

GAY PRIDE

DO It!

Hey!

Table

op

KE a BREAK

MARATHON @ 9 AM 2 MRW

FOLLOW UP

To do - Make - Meet wi

NUT 22A 3+15

BUSINESS MEETING

Lunch with BOSS!

CALL PAM @ 6PM

NEW IDEA

To do list → Make report → Meet with Rob → Sent mail

PASSWORD 1234

DON'T FORGET 2 CALL "BABE"♥

Schedule

INTERN STUDENTS

L

TER NGS ING!

HAPPY :)

BLE!! AM. Arrive @ Hotel 9 AM - Conference

YEAH

L ORDERING WINE...

DINNER WITH BAE TONIGHT

TRUST

VDO CONFERENCE W/ ROB!

FOCUS

LOADI 70%

HA

FITNESS TRAINER

第四章
記憶術實戰技巧

只知道記憶術的種類是不能改善你的記憶能力的，你一定要活學活用。針對不同的事情運用不同的記憶方法，這樣你的記憶術才能大有進步，此亦即「理論與實踐並重」。

知道一個魔術的秘密並不代表你懂得玩這個魔術；記憶術也是一樣，知道了記憶的方法，並不代表你已學會了記憶術，因為沒有練習，你還是沒有辦法踏進記憶術的門檻。

在這一章中，我會就不同的日常生活事例，和大家分享怎樣將記憶術全面應用，讓大家都能夠在最快的時間之內脫胎換骨，大幅改善自己的記憶力。

緊張時刻
上班首天便記得同事的名稱？

相信大家都會有這樣的經驗：在新公司上班的第一天，你的上司(或人事部的同事)帶你認識其他同事時，你恨不得自己可以換一個超人的腦袋，能頃刻間將公司內所有同事的樣貌名稱統統鎖進你的腦袋裡，但往往卻事與願違，害得你要伺機向「茶水阿姐」，又或者是你上司的秘書四出打聽各同事的名字……

又或者你在某個場合見到某個人，臉孔是熟悉的，卻偏偏不記得那個人的名字，而改以「喂」、「Hello」、「靚仔」、「靚女」、「阿姐」來稱呼對方……

雖然以上兩個處境並非無禮貌的表現，但如果我們改用對方的名字稱呼對方的話，關係一定改善不少，所以説記憶術能夠改善人際關係就是這個道理。

一個人的姓名，是代表著那個人的自尊、身份和地位，相信沒有

一個人會接受別人常常忘記他的名字，或者説錯他的名字的，因為這樣會有一種不被重視的感覺。

要熟記對方的名字其實不難，我們只需要注意以下數點就可以了：

1. 第一次見面，一定要清楚對方的名字

通常和別人第一次見面的時候，我們都會詢問對方的名字。在部份的情形下，我們連對方的名字都聽不清楚就開始談話了。這你永遠都不會記得對方的名字，因為一開頭你根本就沒有聽清楚，所以你是沒有可能記得對方的名字的。因此，第一次見面及介紹的時候，你一定要聽清楚對方的名字，如果聽不清楚的話，你可以再詢問對方，又或者重複對方的名字以作確認，例如：「你的名字是 Steven，對嗎？」這樣便可以確保不會聽錯了。

2. 立即就對方的名字加以聯想

如果你詢問了對方的名字後，沒有加以聯想的話，你可能很快就會忘記了。所以，在詢問了對方的名字之後，你馬上要就對方的名字加以聯想，在腦海中盡快做出一個影像。例如Peter這個名字吧，我會想像成「必打」，即一定要打的意思；這時候，腦海中可以想像一個小孩很頑皮，我一定要打他。只有做出一個清晰的影像，記憶才會加深。

當然，光是呆著自己做影像而不顧他人是很不禮貌的。因此，我們可以在自己製造影像的時候，就對方的名字加以發揮，例如：「Tiffany？很美的名字呀！你的名字那麼貴氣，你一定是很有錢了」又或者「我認識的Tiffany很多都是美女來的，你也不例外呀！」等等，這樣一來可以製造多些時間給自己做影像，二來別人也會為你留意自己的名字而感到開心，三來可以在説話當中加深自己的記憶。

3. 將影像「釘進」對方面部其中一個特徵較明顯的器官中

當建立了影像後，我們就可以將這個影像利用「栓釘法（Peg System）」放進對方臉部的其中一個器官，而這個器官則是在對方的面孔中特徵較明顯的。例如：鼻樑「起節」、咀巴厚、面圓或小眼睛等等，這些都是幫助我們日後回憶的線索。

以下便是一個參考例子：

Paul	波	面圓	面部很圓，就像一個波
Peter	必打	眼睛細小	一個眼睛細小的小孩必定被人打
Jose	祖先	鼻小	鼻子很小的祖先
Angel	天使	面孔白滑	面孔白滑的小天使
Edmund	果仁 (Almond)	眉粗	眉毛上全部都是果仁
George	阻住	耳朵大	大耳朵常阻住我的去路
Pak	停車場 (Park)	咀唇厚	咀唇很厚，可以用來作停車場

專家錦囊
速記人名小貼士

1‧將整個人放在一個地點之中，最好是第一次會面的地方

如果大腦沒有線索，就不能將資料提取出來。因此，我們就要將這個影像及這個人的面孔放在一個地點之中。雖然地點沒有規定，但通常是第一次會面的地點，因為第一次見面的印象通常會比較深刻。這樣，在將來回憶起這個人的時候，腦海中就可以浮現出和這個人見面的地點，也很快就可以回憶起對方的名字出來。

2‧在交談的過程中，要在適當的時候提及對方的名字，以作複習

和對方交談的時候，應在適當時提到對方的名字，這樣便可以加深對對方的印象。例如在對話中不要只說：「今天天氣很熱呀！」。相反，你應該說「陳先生，今天天氣很熱呀！」這樣就可以在對話過程中不斷幫自己做複習，達到認記對方名字的效果。

3‧和對方道別的時候，也要重複對方的名字一遍

這個是很重要的。和對方道別的時候，不要只說「再見」，而應該加上對方的名字進去。例如「陳先生，再見！」或「Josephine，很高興認識你，再見！」這樣便可以方便再次回憶對方的名字。

4‧過後要複習4次來加深記憶

好好把握複習的機會是很重要的。過了一段時間後，大腦便會逐漸將對方的名字遺忘；所以我們一定要把握複習的機會。

最佳的複習時間為當天晚上、第二天、一星期後和一個月後。這樣，你就能夠記得住對方的名字了。此外，當有時候突然想起這個人時，你也可以嘗試一下回憶對方的名字以作練習。

我們也可以在對方的咭片上寫上對方的面孔特徵，以幫助我們回憶。當然，和對方會面時，就不要在對方面前將特徵記下，因為這樣做是沒有禮貌的；最好是當天回家的時候作練習，順便在對方的咭片上寫上對方面孔的特徵。

5‧如果遺忘了對方的名字，就得想辦法查清楚

如果我們在過後，不幸地遺忘了對方的名字的話，便應該要想辦法去查清楚。有很多人都會不了了之，當再見面時都是以「喂」、「Hello」、「靚仔」、「靚女」或「阿姐」作稱呼。其實我們應該

在和對方再次見面的時候詢問一下，以幫助我們再次認記；很多人都會覺得這樣不好意思而作罷，其實不然。如果真的覺得不好意思的話，我們也可以向身邊的朋友打聽的。

記人名最重要是用心去記，如果你沒有用心去作認記的話，即使對方重複千百次他的名字，你也是不能記住的。

另一樣很重要的事情，就是在談話之中，在適當的時候提及對方的名字，這樣會令到對方覺得你很重視他，也可以幫助自己複習。

極速領悟：
如果我們能準確地記得同事的名稱，便能和別人相處得更融洽。

不用紙筆做記錄，亦能牢記客戶的全部要求？

在我們的日常生活當中，有很多大大小小的事情需要記住，例如在工作上當會見客人後，往往有不少有待更進的事項。如果我們不及時作出處理的話，很可能便會遺漏，客人也會對你留下差劣的印象，並影響上司對我們工作表現的評估。如果利用記憶術的話，我們很容易就可以將東西記住，不會遺漏或忘記。

要做到這樣的效果其實很簡單，我們只要利用「地點法」加「聯想法」，又或者乾脆用「串連法」將事情記下來就可以了。

例如我們要記下客戶需要的東西：

1．將報價單傳真給客戶
2．為客戶詢問有關貨物搬運的事宜
3．聯絡送貨部為客戶安排送貨
4．處理客戶在會議之中提過的投訴事宜

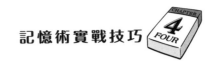

5．定出下次約會日期

在實際生活之中，如果只要記住以上的東西並不難，靠強記硬背然後在短時間之來完成就可以了（一般人可以記住7至9個項目）；可是，如果你每天有很多會議或要面對很多客人的話，你就可能需要記住大量的資料了。所以，利用記憶法去幫助自己記住事情是必須的。

以上的例子，我們可以利用「串連法」將事情記下來。

首先，我們要將需要記住的東西形象化，這樣才可以記得牢，轉換之後的形象如下：

1. 將報價單傳真給客戶	傳真機
2. 聯絡送貨為客戶安排送貨	電話
3. 為客戶詢問有關貨物搬運事宜	貨車
4. 處理客戶在會議之中提過的投訴事宜	麻煩人
5. 選定下次約會日期	金錶

做了影像之後，我們可以就該五樣東西串連起來，然後找一個地點放下去；地點最好是和該客戶有關連的地方，這樣方便我們在將來容易回憶出來，這個例子可以利用和客戶會面的會議室作為認記的地點。

串連後的故事如下：

傳真機現在有新的功能，很方便，而這個新的功能就是電話。
我利用電話去找貨車，貨車來了，司機是一個麻煩人，令我覺得很討
厭，因為這個麻煩人戴的是一個金錶，土氣非常。

就這樣，我們可以利用串連法將5樣要幫客戶跟進的東西記下
來，一件不漏。

極速領悟：
只要懂得運用記憶
法，就算不用紙筆做
記錄，亦能將客戶的
要求全部記低。

106

煩惱時刻
遺失電話,便等如失掉你的人脈存摺?

　　記憶每個人或每間公司的電話號碼,在你我的日常生活中都很重要。我們也試過將很多電話號碼放進手提電話或記事簿之中,可是在需要的時候,往往要花不少時間去找出這些電話號碼出來。平常需要工作的人,一天大概需要打50個電話左右,假設找出每個電話號碼的時間是半分鐘,那麼一天就要浪費25分鐘了。

　　記憶電話號碼除了可以為我們省掉不少時間之外,也可以防止萬一手提電話或記事簿遺失時所帶來的影響。我有一個朋友就是因為遺失了手提電話,而失去了所有重要客戶的電話號碼;過後幾經辛苦才能找回部份客人的電話號碼,但是有很多生意都因此而失掉了,甚是可惜。

　　要記下電話號碼其實一點也不難。我們利用「地點法」、「數字代碼法」及「串連法」就可以了。

假設我們要認記以下電話號碼：

陳先生：68781248

我們先將電話號碼分成4組，每組兩個數目字，然後利用「數字代碼法」轉換影像：

68（蘿蔔）78（旗袍）12（時鐘）48（小巴）

再利用「串連法」將這4組東西連在一起，使之成為一個故事。我想到的故事是：

陳先生晚上有宴會，於是將蘿蔔（68）做成旗袍（78）赴宴。在這時，他看一看時鐘（12），發覺時間到了，於是坐小巴（48）去宴會廳。

到最後，我們只要將這組影像放在一個地點作為線索就可以了。而這個地點，通常是和對方見面的地方，如果是新相識的朋友，你大可以將第一次會面的地點作為記認。例如我和陳先生是在置地廣場見面的。這樣，當我要回憶陳先生的電話號碼時，腦海中就立時想起置地廣場，而所編的故事也可以回憶出來。就拿這個例子來說，我們大可以將置地廣場的大鐘作為時鐘（12）的影像。

可能有人會問「蘿蔔怎樣做旗袍呢？」又或者「陳生是男性，男性怎麼會穿旗袍呢？」等問題。

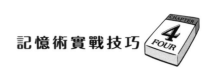
記憶術，只在乎你的想像力，你的想像力越豐富，你的記憶就越好。記著，你所記憶的東西或故事，無須理會是否合邏輯，比例是否一致，故事是否有矛盾。因為造故事的目的，不是幫我們去理解東西，而是幫助我們去記東西，以及記得長久；所以，只要是自己可以記得住的故事都可以製造出來，而不需要理會它是否合乎情理。

腦部小遊戲
號碼記憶法練習

　　記憶也要練習。剛開始的時候，可能會有點不習慣。但當你長年累月都是用這個方法認記電話號碼的時候，你就會熟能生巧，漸漸養成一種習慣：當看到新的電話號碼的時候，你就會很自然地將電話號碼轉換成影像，然後利用故事將影像串連起來。

　　現在請將以下10個電話號碼記下來。然後蓋上書本，嘗試默寫出來。（以下例子只作參考，人名及電話號碼都是隨意寫出來；如有雷同，純屬巧合）

　　讀者也可以自己寫出10個朋友的電話號碼出來，以作記憶練習。

01. Betty：23687288	02. Thomas：36789023
03. 梁先生：24536472	04. 洗小姐：68753542
05. 黃先生：69431037	06. Vincent：78320157
07. Veronica：82450145	08. Patrick：92347198
09. Mary：35205185	10. John：61782007

心跳時刻

學習演講詞記憶法
提升公司及個人形象

據研究發現，大多數人都害怕在公共場合發言，害怕程度甚至超過了對死亡的恐懼。這個研究其中有一句是這樣說的：「在葬禮上，大多數人寧可躺在棺材裡也不願意上前致悼詞。」為什麼人會對演講心存畏懼呢？

恐懼的原因，並不是因為我們不知道我們要講什麼，而事實上在上台發言前，雖然我們本來就已經想好了對問題的看法，我們亦會事先就演講的內容作出研究。可是，無論你怎樣熟悉你將要演講的內容，你也會心存畏懼，因為你害怕到台上不知道應該說什麼；資料明明準備好了，但是到了台上腦海一片空白，原本預備好的內容話到口邊也說不出來；我們也會擔心當自己緊張和場面失控時聽眾反應不佳。當然，我們越緊張，記憶力就會變得越差；因為我們大腦要分心去處理情緒緊張的問題。

雖然我並非要求演講者將講稿或預備好的資料一字不漏地背熟，

這樣反而會得到反效果,我們只需要記著重點就可以了。這樣不單只可以不看稿而完成整個演示過程,也可以容許我們在適當的時候加插一些個人的見解進去,令演講的內容更加生動、專業。

要認記演講詞或資料,我們可以利用Powerpoint,再配合「地點法」或「房間法」將要記的東西分別放進不同的位置之中,然後將該東西和該位置作一個聯想,構成不同的圖像就可以了。不同的頁數,我們可以利用不同地區的地點作認記,最簡單莫如利用地鐵站沿線,如果你每天都有乘搭地下鐵路的話,你大可以利用你熟悉的地鐵站做地點;好處是順序,有條不紊及不容易掉亂。

例如我們要做一個演示會,向公司裡的內部員工講解公司在過去一年的業績,而整個 Powerpoint 展示資料為4頁:

第一頁:公司在過去一年的表現

- 全年的營業額為30億元
- 全年的營業額比去年增長了百分之三十五
- 全年的盈利全年為3億7千萬
- 全年的盈利比去年增長了百分之二十七

第二頁:公司在新的一年的營業指標

- 全年預期營業額為33億元
- 全年開支要比去年縮減百分之十二

第三頁：員工福利的調整

● 所有員工將會在新的一年加薪百分之三點五

● 大假將會增至18天

第四頁：廣告策略

● 來年4月及7月在電視賣廣告

● 來年3月及8月在報紙賣廣告

● 來年5月及10月在地鐵月台賣廣告

接著，我們可以利用4個地鐵站附近的地點作認記。地鐵站一定要順序，因為這樣可以幫助我們回憶不同的資料的順序情況，而該頁發佈主題則可以用該地鐵站的其中一個出口作認記。

現在我們嘗試由上環開始，利用上環、中環、金鐘和灣仔等多個地鐵站來做地點。我所想到的地點分別是：

上環地鐵站

- 德輔道中及禧利街交界出口
- 德輔道中寶湖酒家
- 德輔道中新釗記茶餐廳
- 上環永安
- 無限極廣場 Pacific Coffee

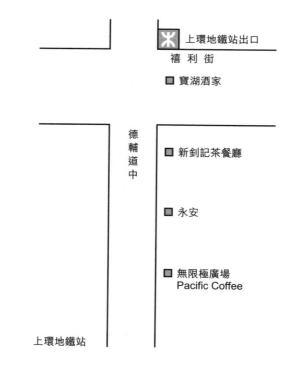

中環地鐵站

- 皇后像廣場出口
- 皇后像廣場
- 遮打花園

遮打花園 ■

德輔道中

皇后像廣場 ■

皇后像廣場出口 ❎

中環地鐵站

金鐘地鐵站

- 金鐘道地鐵站出口
- 統一中心
- 油站

❎ 金鐘港鐵站出口

金鐘道

■ 統一中心

■ 油站

金鐘港鐵站

灣仔地鐵站

- 灣仔地鐵站修頓球場出口
- 修頓球場
- 中旅社
- 灣仔電腦城入口

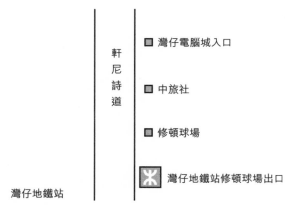

以上的是我能夠想像得到的地點，每個人所認識的地點都不相同，所以如果你對以上的地點不熟悉的話，你大可以利用自己熟悉的地點，例如你對觀塘沿線的地鐵站及地點比較熟悉，你可以用觀塘、牛頭角、九龍灣和彩虹地鐵站來作認記。以上的例子你可以作為一個參考，讓你明白整個認記過程的運作。

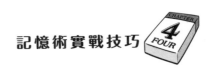

　　再來就是將要認記的東西做一個影像，然後利用「串連法」將影像和該地點串連起來。如果該項資料有數字的話，就將數字轉為代碼，方便自己記憶。

　　要知道每一頁都會有一個主題，為了方便記憶，我會用該地鐵站的出口和該頁的主題做影像，這樣會有系統很多。

　　我所做出來的影像如下：

上環地鐵站

主題：德輔道中及禧利街交界出口──公司在過去一年的表現
影像：在地鐵站出口有一張成績表

主題：德輔道中寶湖酒家──營業額三十億
影像：酒家門口有一架三菱（30）車撞進去，車上全是營業員

主題：德輔道中新釗記茶餐廳──盈利增長百分之三十五
影像：新釗記有很多錢賺，但賺到的是珊瑚（35），所以收銀機有很多珊瑚

　　主題：上環永安──盈利全年為3億7千萬
　　影像：永安門口有一隻山雞（37）

　　主題：無限極廣場 Pacific Coffee─盈利增張了百分之二十七
　　影像：Pacific Coffee 改了賣耳機（27）

中環地鐵站

主題：皇后像廣場出口──公司在新的一年的營業指標

影像：皇后像廣場出口有營業經理在擲飛鏢

主題：皇后像廣場──全年預期的營業額為33億元

影像：皇后像廣場的燈全部壞了，所以閃爍不停（33）

主題：遮打花園──全年開支要縮減百分之十二

影像：遮打花園大門口新加了一個時鐘（12）

金鐘地鐵站

主題：金鐘道地鐵站出口──員工福利的調整

影像：金鐘道地鐵站有很多員工，嚷著要改善福利

主題：統一中心──所有員工將會在新的一年加薪百分之三點五

影像：統一中心有很多人手裡拿著珊瑚（35）

主題：油站──大假將會增至18天

影像：油站有一對男女在吵架，女的一巴（18）打向男方；男方受了重傷，要向公司請假

灣仔地鐵站

118

主題：灣仔地鐵站修頓球場出口——廣告策略

影像：修頓球場地鐵站出口有很多廣告

主題：修頓球場——來年4月及7月在電視賣廣告

影像：修頓球場有大電視供人觀看球賽，而電視銀幕上映著一個穿著制服的司機（47）

主題：中旅社——來年3月及8月在報紙賣廣告

影像：中旅社報總供人免費贈閱，報紙上有很多八婆的相片（38）

主題：灣仔電腦城入口——來年5月及10月在地鐵月台賣廣告

影像：電腦城入口變了地鐵站——成龍（50）在地鐵站做宣傳。

　　就這樣，我們就可以將發佈會的資料全部記下來。最重要是在認記時，我們不用要求自己一字不漏地認記，只需要將重點記下來就可以了。

　　看到這裡，可能讀者會問，有些數字是點數來的，例如加人工百分之三點五（3.5%）那麼只記下35（珊瑚）可以嗎？答案是可以的。因為人腦有分左腦和右腦，右腦負責幫你認記圖像，而左腦則負責幫助你作分析。在這個例子當中，如果你記得太古廣場巴士站有很多員工拿著珊瑚的話，你馬上會想到35這組數字，你知道是要說加人工了，那麼是否加百分之三十五呢？當然不會。這時你的左腦就會產

生作用了。是3.5嗎？正確了。

　　做影像的重點，不在乎一字不漏，它在乎能否提供線索，幫助你回憶起你想説的東西。

專家錦囊

一場成功演説的
必備元素

在我們的日常工作中，我們有很多機會需要在公司會議上演講，對同事或客戶講解有關的事情。

很多人為了逃避演講或在公眾場合發言，會不惜做出任何事情逃避演講。可是，即使如此，還是有些人在演講時內容滔滔不絕，氣定神閒，談笑風生，這些人就好像天生的演説家，令人羨慕。聽　心裡有著「如果我能有他/她這麼棒就好了」的想法。這項演説的技能是由以下多個方面所組成的：

1. 眼神接觸 （Eye Contact）

一個演講者，如果由頭到尾到只是低著頭對著講稿照讀，聽眾自然沒有投入感或參與感，有一種「事不關己」的感覺。而聽眾也會覺得演講者的準備功夫不足，而對演講者失去信心，覺得他/她沒有説服力──可能事實並非如此，他/她可能已經花了很多時間去預備講

稿的內容，也可能對要演說的內容很清楚，但由於他/她沒有和聽眾作眼神接觸，所以會令別人產生這樣的感覺。

2. 理解（Understand）

當你看著演講詞照稿讀出時，你可能因為太過倚賴演講詞而不能將目光放在聽眾的身上。但是，如果你利用記憶術去幫助自己認記演講詞的話，你的思路就不再局限於演講的內容之中了，因為利用記憶術去認記講稿你就會利用圖像及地點去幫助自己回憶演講的內容。這樣更加可以幫助你有系統地思想演講詞的意思，當你由始至終都是面對著聽眾而不是那數頁演講詞的時候，觀眾會覺得你是一個知識淵博的人而對你印象深刻。

3. 變化（Manipulation）

利用記憶術將所有演講內容記住了以後，你更加能夠將已知的內容再加以發揮，也能夠就聽眾即時的反應及問題作出補充。一個有預備及熟記講詞的人，他/她可以一邊演說一邊思考當中的內容，從而專注自己的思路，演說的內容自然精采得多了。

4. 時間控制（Time Control）

如果利用記憶術熟記演講詞，在過程中任何時間你都能夠知道自己的演講正處於哪一個階段，這樣你就能更好地控制時間，快慢都可以由你決定，對於控制整個場面也很有用處。

5. 自信（Confidence）

　　清楚認記演講詞，在演講的時候你就會成竹在胸，不會害怕忘記重要的資料。也因為這樣，你的自信心自然會顯露出來，而你也可以專注地解答聽眾的問題上而不用分心。

極速領悟：

　　一場成功的演說是包括多方面的，包括眼神接觸、時間的控制和自信的態度。

如何牢記員工工作報告內的數據？

公司裡有很多重要的資料，例如銷售人員需要清楚產品的資料、性能和價錢；公司裡的管理人員則可能要記住不同月份的業績。形式眾多，不能勝數。其實萬變不離其宗，不論要記住什麼資料，我們都可以利用幾種不同的記憶法一起去記認。

例如你是一間公司的銷售經理，你需要記住公司內每位銷售人員每月的營業額：

2006 年 1 至 4 月每位銷售人員的營業額（以萬元計）

工／月份	1 月	2 月	3 月	4 月
員工 1	57	63	62	60
員工 2	44	47	50	49
員工 3	56	58	59	54
員工 4	68	69	65	70
員工 5	65	64	62	63

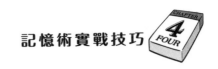

要認記以上數字時，我們就要利用數個記憶法一起去認記。我們可以利用數字代碼法、聯想法及串連法。

首先，我們要將表格之中不同的位置用不同的數字去代替，在這個表格中，我們可以將月份當成是個位數，而員工則當成是10位數。例如「員工2，1月份」為「21」，「員工1，3月份」為「13」。

將所有格子都變成可以利用數字代表之後，我們就可以將該格子本身的數字和該格子裡的數字作一個聯想，這樣，我們就可以在很短的時間內，將整個表格記下來。

例如我們要認記員工2在2月份的營業額是47萬元，我們先將員工及月份轉成代碼，即22，然後將營業額，即47這兩組數字代碼串連在一起。代碼「22」為枕頭，「47」為的士司機，乾脆就想像成用枕頭焗住的士司機就可以了。

現在試將以上所有的營業額利用「數字代碼法」及「串連法」記下來：

員工1

1月份：數字代碼為「11」（筷子）

影像：用筷字（11）當作武器（57）自衛

2月份：數字代碼為「12」（時鐘）

影像：時鐘（12）被陸先生（63）拿著

3月份：數字代碼為「13」（巫婆）

影像：巫婆（13）正在飲酒（62）

4月份：數字代碼為「14」（棺材）

影像：在棺材（14）之中打保齡球（60）

員工2

1月份：數字代碼為「21」（啤牌）

影像：啤牌（21）在石獅（44）的頭上

2月份：數字代碼為「22」（枕頭）

影像：用枕頭（22）焗住司機（47）

3月份：數字代碼為「23」（駱駝）

影像：駱駝（23）和成龍（50）在比武

4月份：數字代碼為「24」（死魚）

影像：死魚（24）衝向死囚（49）咬他

員工3

1月份：數字代碼為「31」（鯊魚）

影像：鯊魚（31）口裡有一個白信封（56），它説太辛苦，不做了

2月份：數字代碼為「32」（電話）

影像：電話（32）很特別，聽筒是一條尾巴（58）

3月份：數字代碼為「33」（閃閃）

影像：閃閃的星星全部都是五角形（59）

4月份：數字代碼為「34」（口罩）

影像：口罩裡生出龜（54）來

員工4

1月份：數字代碼為「41」（石椅）

影像：石椅（41）上放滿了蘿蔔（68）

2月份：數字代碼為「42」（洗耳）

影像：要洗耳（42）了，叫老狗（69）來

3月份：數字代碼為「43」（洗衫）

影像：洗衫（43）突然洗出了一堆蜈蚣（65）

4月份：數字代碼為「44」（石獅）

影像：石獅（44）對風水不合適，改用了麒麟（70）

員工5

1月份：數字代碼為「51」（跳舞）

影像：跳舞（51）了，一定要找蜈蚣（65）才可以跳得成

2月份：數字代碼為「52」（爬繩）

影像：一根繩子（52）將枱上的熱水瓶拉翻了，結果開水淥到四輪車（64）了

3月份：數字代碼為「53」（唔生）

影像：想絕育（53）就要飲酒（62）

4月份：數字代碼為「54」（龜）

影像：龜（54）爬進了陸先生（63）的口中

就這樣，我們可以有系統及快速地記下了所有員工在每個月份的營業額。

在應用的時候，如果想要知道員工3在3月的營業額，我們馬上可以將這個資料轉成代碼，即「33」，然後轉化為數字代碼，即「閃閃星」，再想一下和閃閃串連的東西是什麼。我們會想到，閃閃的星星是五角形的，所以知道員工3在3月的營業額是59萬元。

又例如要知道4月份每個員工的營業額，我們立即在腦海中想到「14、24、34、44和54」這5組數字代碼，我們都知道，只要能夠回憶這5組代碼所串連的東西，我們就可以毫無困難地說出在4月每個員工的營業額出來。回憶的過程如下：

「14」是棺材，影像是在棺材裡打保齡球，所以員工1在4月的營業額是60萬元。

「24」是死魚，影像是死魚欺負死囚，衝過去咬他，所以員工2在4月的營業額是49萬元。

「34」是口罩，影像是口罩裡有一堆蜈蚣，所以員工3在4月的營業額是65萬元。

「44」是石獅，影像是擺風水不用石獅，要用麒麟，所以員工4在4月的營業額是70萬元。

「54」是龜，影像是龜爬進陸先生的口中，所以員工5在4月的營業額是63萬元。

難記嗎？一點也不難，這篇文章是我隨手寫出來的，我也沒有特別記住這25組毫無意義的數字，但我只能看一次就已經記下來了。因為最重要的是要有線索，最重要是只要線索做得好，大腦自然就會幫你回憶出來。例如員工1在1月的業績，11就是線索。

極速領悟：
只要線索做得好，大腦自然會幫你回憶出來。

130

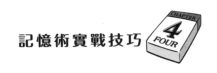

驚喜時刻：你也可以是海綿？
高效率英文生字記憶法

記憶生字是一個痛苦的過程，無論是小孩子或成年人，他們在學外語時遇到的最大障礙就是記生字。為什麼呢？一邊背誦，一邊忘記，即如下面穿了一個大孔的水桶一樣，任你在上面放多少水進去也沒有用處；其實英文生字記得不好，不是我們不能記住新的英文生字，而是我們花太多的時間在重新記憶舊的生字而已。看過以下實驗之後，我們或許會對「記憶生字」、「遺忘生字」有更深的啟發及了解。

台灣語言學習法專家扶忠漢先生說出了一個真實的實驗，並說在人類的科技沒有突破之前，很難有人能夠突破這個實驗。實驗的方法是這樣的：他認為一個好的英語教師，絕對能夠在730小時之內教會學生，使他在聽、寫、講及讀的能力都達到標準。一般大學生在進入大學之前會至少學過10年英文，如果將730小時除以10的話，一年大概是73小時，每天則大概是12分鐘的時間。

有幾個英語學家就以「每天12分鐘」為基準，做了一個實驗，嘗試每天教一個完全不懂英語的人12分鐘英語，看看是否可以將這個人漸漸教會。他們找來了一個很好的英語教師，也找來了一個很有語言天分的年輕人，每天只教這個年輕人12分鐘，其餘時間則完全不讓他接觸英語。

在剛開始的時候，這個年輕人一句英語也不會講，可是在5個月之後，這個年輕人已經學懂了數百句英語，進步的速度相當快。當時語言學家心想，才數個月就已經有這樣的成績，不久的將來這位年輕人的英語一定會非常出色的。意外的是，數年過去了，這位年輕人還是只學懂數百句英語，完全沒有進步，彷彿在5個月之後學習速度便完全停頓了下來。

那些語言學家大惑不解，於是他們請來了另一位很有語言天份的年輕人，也是每天只教他12分鐘的英語，並將他每天所學到的紀錄下來；之後，他們得出一個結論，就是一個人如果每天只教他12分鐘的英語，這個人很難在5個月之後再有進步，因為他所遺忘的和所記得的差不多；即是說，在學習英語5個月之後，他很難再有進步了。因為一開始的時候他一句英語也不懂，所以學習的速度也很快，而學過的英語也不易忘記；但是在5個月之後，他已經學會數百句英語，而在第5個月開始，他每天至少會忘記7、8句，而每天的12分鐘裡面，也只能最多學懂7、8句，所以每天學習的和每天遺忘的英語數目一

樣，所以在往後的時間停滯不前。

　　這個實驗帶給我們很大的啟示：原來一個人在學習英語單詞的時候，開始時學習速度一定很快；可是當認記的數量到1,000個字左右時，大腦開始會作出抗拒，遺忘的速度和認記新生字的速度幾乎一樣，所以，在5個月之後就不能再進一步了。

　　要將英文生字記得牢，我們務必要將水桶下的大孔填補，這樣才可以確保舊的生字不會忘記，才能一步一步提高自己的英語水平能力。

　　要認記英文生字，我們可以用「諧音法」及「聯想法」去幫助記憶。假設我們有以下17個英文生字需要認記：

01. Exclude (排除)

02. Excursion (短期出遊)

03. Exotic (異國)

04. Inhale（吸入）

05. Infuse (灌輸)

06. Inspire (鼓勵)

07. Inflate (使物價上漲)

08. Indulge (沉溺)

09. Immoral（不道德）

10. Imortal (不死的)

11. Discontent (不滿)

12. Reck (介意)

13. Arctic （北極）

14. Antiaging (抗老化的)

15. Miserable (悲慘的)

16. Monogamy (一夫一妻制)

17. Miniature (小畫像)

要記住以上各英文字的解釋，我們先將發音利用「諧音法」將該英文生字做一個諧音，再利用「聯想法」將該諧音及英文生字的真正意思作一個聯想，令到該諧音有一個解釋。具體的情況如下：

1 · Exclude （排除）
諧音：X-Cool
聯想：X先生的性格很「cool」，所以被人排除

2 · Excursion （短期出遊）
諧音：X鋸唇
聯想：有一個X形的鋸在鋸一個口唇，短期內要出遊以避過警察的圍捕

3 · Exotic （異國）

諧音：X short的

聯想：那個人叫X，是「short」的，他是異國人。（又或者異國人都是「short」的）

4．Inhale（吸入）

諧音：In hell

聯想：跌了進一口井裡面，吸入了沼氣

5．Infuse（灌輸）

諧音：In Fuse

聯想：在保險絲裡面灌輸電量

6．Inspire（鼓勵）

諧音：In Spy 呀

聯想：間諜自己在身體裡面「呀」一聲以作鼓勵

7．Inflate（使物價上漲）

諧音：現飛

聯想：現在飛了，因為物價上漲

8．Indulge（沉溺）

諧音：現兜住

聯想：現在就要兜住，使之不再沉溺

9．Immoral（不道德）

諧音：艷摸佬

聯想：艷女摸佬是不道德的

10 · Imortal （不死的）

諧音：艷摸土

聯想：艷女摸土就會不死

11 · Discontent （不滿）

諧音：的士乾釘

聯想：的士上有一粒乾的釘，乘客非常不滿

12 · Reck （介意）

諧音：叻

聯想：叻的人很介意別人的講法

13 · Arctic （北極）

諧音：亞 Tick

聯想：亞 Tick 去了北極

14 · Confront （面對）

諧音：抗薰

聯想：要抵抗薰黑的煙，唯一的方法就是面對它

15 · Miserable （悲慘的）

諧音：搣死拉布

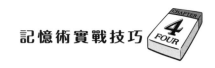

聯想：摵死拉布拉多狗隻是悲慘的

16 · Tragedy（悲劇）

諧音：車撞地

聯想：車撞地是一個悲劇

17 · Fabulous（難以置信的）

諧音：Fat Build Nuts

聯想：肥人起樓食「Nuts」是難以置信的

讀者們可以舉一反三，將所要認記的英文生字利用自己熟悉的諧音記認下來。在認記過程中，我們可以用到白咭，將要記憶的英文生字寫下來，複習時就利用白咭複習。

這樣的認記方法，好處是大大降低生字認記過後被遺忘的機會。因為每個生字都有自己的線索，而一看到那個英文生字，就等於提供了線索給腦袋，讓它將相關的解釋提取出來。

永遠為你預留最佳位置的約會記憶法

　　我們在日常生活當中，都會有很多約會，無論是客人、朋友或親人，都會有不同的約會。要記下約會時間及日期，我們當然可以用記事簿記下來，但有時候如果記事簿不在身邊的話，就會很不方便。如果我們能夠無時無刻一想起有何約會就記得起的話，就會很方便。

　　我在沒有學懂記憶術以前，我會將所有的看風水、批命、改名等多個約會，以電子記事簿紀錄下來。但在學懂記憶術以後，很多時間我都能夠在腦海中稍為思索便回憶出來，這樣不單省卻了時間，就算在別人打電話來預約時，而當時我又沒有電子記事簿在身，也可以記起哪個時間有空檔，可以加進新的約會。

　　這個記憶約會日期及時間的記憶法，對管理人員或銷售人員尤其有用。因為管理層及銷售人員都會有很多大大小小的約會，例如公司開會、和客戶會面等等，如果我們忘記了一些重要的會議，會對自身的工作有重大的影響的。

要記住約會的日期及時間，其實一點也不難。我們可以利用「地點法」或「房間法」去作認記。一般而言，約會大多數都是在3個月之內發生的，所以我們只需要將每一天的事情放進一個地點之中就可以了。一個地點代表一天，一個月最多有31天，所以要記下3個月的約會，我們可以用最多92個地點去認記。

不過，地點不是隨便亂選的。為了方便我們可以在回憶的時候，能快速抽取所需要的資料出來，地點應該以10個為一組，而第三組和第六組的地點則為11個（因為21－31日有11天）

這些地點應分為3大組，每一大組代表著一個月；就這樣，我們便可以認記3個月的約會了。現在，讓我們嘗試實習一下。我們以記下一個月的約會為例子，大家可以先找出31個地點然後再往下看；再提一次，地點以10個為一組，第三組地點則為11個。

假設我們要認記以下事情：

以上約會，不靠記憶術你只能寫進記事簿之中，即使給你強記硬背，第二天又會忘掉了，即使你記得住有這個約會，你也很有可能忘記了日期及時間。

我們先將5月2日的約會放進第二個地點之中。除了放進這個約會的資料之外，我們也要將時間也一併放進記憶之中。時間怎樣放置呢？很簡單，將時間利用「數字代碼法」轉成代碼，然後利用「串連

法」將約會時間和約會的事情串連起來。這個影像可以是：用菱角的球拍打哥爾夫球。

日期	時間	事情
5 月 2 日	0900	學打哥爾夫球
5 月 9 日	1300	與父親吃飯
5 月 13 日	1800	和同學唱「卡拉 OK」
5 月 17 日	1400	上學
5 月 20 日	1700	和朋友去健身
5 月 25 日	2100	約朋友看戲
5 月 28 日	0800	去迪士尼樂園
5 月 31 日	1200	和外婆上茶樓

如此類推，其餘約會的影像可以是：

5月9日　13：00和父親吃飯

第九個地點：巫婆和父親在吃飯。

5月13日　18：00和同學唱卡拉ＯＫ

第十三個地點：一巴打向一個正在唱卡拉ＯＫ的同學。

5月17日　14：00上學

第十七個地點：我在棺材之中讀書。

5月20日　17：00和朋友去健身

第二十個地點：用油漆潑向在健身院做運動的朋友。

5月25日　21：00約了朋友看戲

第二十五個地點：玩啤牌時朋友提議看戲。

5月28日　08：00去迪士尼公園

第二十八個地點：火化後去迪士尼公園。

5月31日　12：00和外婆上茶樓

第三十一個地點：時鐘上見到外婆上茶樓。

　　就這樣，我們可以將不同的約會重要資料利用「地點法」認記下來。現在讓我們嘗試一下，看看所有資料是否都能記住？

　　問題一：假若有朋友找你看戲，他想約你在5月20日17:00，你是否有空呢？

　　如果有朋友這樣問你，你第一件事要做的，就是在腦海中馬上去到第二十個地點。想一想是否有影像在那裡呢？有的，第二十個地點是用油漆潑潑向在健身院做運動的朋友，油漆是時間，而油漆的代碼是17，我們可以馬上想得到當天下午5時約了朋友去健身院，所以就不能和朋友看戲了。

問題二：假若有朋友約你在5月31日14:00逛街，你是否有空呢？

我們的腦海可以立即去到第三十一個地點，在那裡有沒有影像呢？有的，影像就是在時鐘見到外婆飲茶。時鐘的代碼是12，所以我們記得當天12時約了外婆飲茶，但現在朋友約你逛街的時間是下午2時，所以我們在那個時間可以有空和朋友逛街。

在確認了這個約會之後，我們應立即再在第三十一個地點加上一個串連影像，就是在棺材裡逛街。因為14:00的代碼是棺材，所以影像是在棺材裡逛街。

問題三：假若學校説要在5月23日19:00補課，你是否能夠去得到呢？

我們腦海中馬上去到第二十三個地點，在那裡有沒有影像呢？答案是沒有的，也因此，我們可以有時間到學校補課，但應該馬上再做一個新的影像提醒自己。由於是19:00，而19的數字代碼為一腳，所以在第二十三個地點的影像是一腳踢向學校。

記憶約會日期及時間的技巧就是這樣。一般來説，我們可以將3個月的約會利用92個地點記下來，到3個月之後，我們可以返回用第一組的31個地點記下第四個月的約會，然後在第四個月利用第二組的31個地點記下第五個月的約會，如此類推。

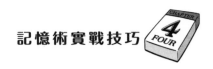

可能有人會問，在第四個月之中用回第一個月的31個地點，影像不會重複嗎？答案是不會的。因為過了3個月之後，第一個月所用的31個地點即使做了影像，腦海中的印象也會很模糊了，而且我們的左腦有自動辨別的功能，所以是不會害怕影像會重複的。

開心時刻
掌握數字記憶法
令數字人生無煩惱

　　數字，是最沒有意義的東西。可是，我們每天都無可避免地和數字有著直接的關係；要記憶數字，我們就要將無意義的數字變為有意義的影像，這樣我們才可以將數字記下來。

　　可是這又會產生了一個問題：如果數字的數量是很多的話，只轉為代碼然後串連起來就不怎麼實際了。為什麼呢？因為影像越多，你所編寫的故事就會越複雜，到頭來只會令自己產生混亂，又或者中間有些影像會變得模糊而記不起來。

　　所以，認記大量數字的最有效方法，就是利用地點法。我認為如果要認記的是超過10個數字（以兩個數字轉換一個影像計，合共有5個影像）的話，我們就必須使用「地點法」或「部位法」了。因為超過5種東西作串連會令故事變得複雜且毫無意義。

　　日常生活當中，我們最常要記下來的，可能就是我們的銀行戶口號碼、信用咭號碼，或者個人密碼等等。如果我們要寫下來，就怕給別人看到而遭受損失；但如果不寫下來又怕過一段時間就忘記了。所以最好的方法，就是將它們全部用腦記下來，例如以下的一個戶口號碼需要認記：

012-862-353547-001

　　這個是一個典型的支票戶口號碼。要記憶這組號碼，我們先要將這組號碼分成兩個兩個一組，即：

01-28-62-35-35-47-00-1

　　最後的1由於之後沒有號碼，所以就這樣單獨記下1的影像就可以了（即鉛筆1）。我們不可以自己將1變成01（靈幽）又或者10（腸蛋），因為如果是這樣的話在回憶的時候會將次序調亂，而不能重組成為一個完整又正確的戶口號碼。

　　分組後的影像為：

靈幽－惡霸－酒－珊瑚－珊瑚－司機－鈴鈴－鉛筆

　　總共為8組影像，所以我們需要用8個地點作為線索。

這8個地點，你可以隨便選擇，並沒有一定的規限，不過8個地點就一定要是相連及順序，例如一條街道，又或者一間你熟悉的便利店的室內擺設等（例如門口、收銀機、微波爐、垃圾筒和飲品櫃等），這樣你才可以在回憶的過程當中準確無誤地説出你的支票戶口號碼。例如我之前提及過的「羅馬房間法」及「地點法」的技巧一樣，你可以回到之前的章節參考一下。

腦部小遊戲
數字記憶法練習

　　請嘗試將以下10組戶口號碼或密碼記憶下來（以下為隨意寫下來的數字供練習記憶數字之用，如有雷同，純屬巧合）。然後蓋上書本，嘗試默寫出來（讀者也可以將自己真實的戶口號碼及密碼認記下來）：

01. 支票戶口號碼：006-234-758435-002

02. 支票戶口密碼：573245

03. 儲蓄戶口號碼：012-357-3-647553

04. 儲蓄戶口密碼：462835

05. Visa信用卡號碼：4968-2536-9800-9035

06. Visa信用卡密碼：478927

07. Mastercard信用卡號碼：4765-2563-7766-3512

08. Mastercard信用卡密碼：842371

09. 投注戶口號碼：35748311

10. 投注戶口密碼：256385

歡樂時刻
將購物清單過目不忘的本領

假設我們要到超級市場，需要購買以下的東西：

01. 洗頭水

02. 護髮素

03. 鬚刨

04. 雞精

05. 薯片

06. 即食麵

07. 紙巾

08. 粟米油

09. 豉油

10. 牙膏

要記住以上的東西並不難，我們可以利用「地點法」，將不同的物品放進不同的地點之中，然後將該物品和所放置的地點利用「聯想

法」將東西串連成一個影像就可以了。在以上的例子，我們需要10個地點去作認記。

由於清單之中每樣物品其實本身就是一個影像，所以我們無須再花時間做影像上。假設我們所找到的地點如下：

地點一：7-11便利店

地點二：地產公司

地點三：粥麵檔

地點四：銀行櫃員機

地點五：麥當勞

地點六：超級市場

地點七：報攤

地點八：理髮店

地點九：銀行

地點十：咖啡室

我們就可以利用這10個地點，將10樣要認記的東西放置在不同的地點之中，然後再做一個影像。

做影像最重要是鮮明，清楚，這樣我們就可以記得牢，記得久。

地點	東西	影像
1. 7-11 便利店	洗頭水	到七十一便利店買洗頭水
2. 地產公司	護髮素	地產公司現在兼賣護髮素
3. 粥麵檔	鬚刨	到粥麵檔剃鬚
4. 銀行櫃員機	雞精	銀行櫃員機沒有銀紙可取，改用雞精代替
5. 麥當勞	薯片	麥當勞不賣薯條，改賣薯片
6. 超級市場	即食麵	超級市場即食麵大減價
7. 報攤	紙巾	到報攤買紙巾
8. 理髮店	粟米油	理髮店不用洗頭水洗頭，改用粟米油
9. 銀行	豉油	到銀行申請信用卡送豉油
10. 咖啡室	牙膏	咖啡室的咖啡沒有糖，改用牙膏代替

專家錦囊記憶大師必經之路——
啤牌記憶法

在日常生活之中我們很少有機會需要記下整副啤牌的順序。可是，在所有的世界級記憶大賽之中，記啤牌是一個很重要的項目；而有很多自稱記憶大師的人也可能從來不知道記憶啤牌的方法，這點在市面上出版的記憶術書籍可見一斑。

在我見過在市面上出版的記憶術書籍之中，甚少有介紹記憶啤牌的方法。有些人不懂得記憶術，甚至以為比賽的選手天生有過人的能力，又或者是靠強記硬背。相信讀者看到這裡也開始明白，其實每樣東西都有它獨特的記憶方法，記憶啤牌也是一樣。

雖然記憶啤牌在日常生活之中比較少，但為了要讓讀者全面了解記憶術，我在此也說明一下其運作的原理，讀者如果自己有興趣的話，也可以參照本書中的方法練習。

要記憶一整副啤牌，全世界所有的記憶大師都是用一種方法，就

是「地點法」。由於一副啤牌有52隻，所以我們需要先找出52個地點；和之前的記憶法一樣，地點以10個為一組，共有6組，而最後一組只有兩個地點。

找到52個有系統的地點之後，我們就可以將所有啤牌的花色和點數轉為影像，然後將52個影像放進52個地點之中。

每張啤牌有花色和點數，我們先說A至10點的影像轉換方法，Jack 到 King 稍後再談。

有玩過「鋤大D」或「話事啤（Showhand）」的朋友都知道，花色的順序為葵扇、紅心、梅花及階磚，花色我們用10位數來代替，而點數則用個位數來代替；因此，我們可以很容易就將A至10點的啤牌轉換成數字。

葵扇（十位數為一）：

葵扇A：11

葵扇2：12

葵扇3：13

葵扇4：14

葵扇5：15

葵扇6：16

葵扇7：17

葵扇8：18

葵扇9：19

葵扇10：10（10尾數為0，所以我們將10點當作0）

紅心（十位數為2）：

紅心A：21

紅心2：22

紅心3：23

紅心4：24

紅心5：25

紅心6：26

紅心7：27

紅心8：28

紅心9：29

紅心10：20

梅花（十位數為3）：

梅花A：31

梅花2：32

梅花3：33

梅花4：34

梅花5：35

梅花6：36

梅花7：37

梅花8：38

梅花9：39

梅花10：30

階磚（十位數為4）：

階磚A：41

階磚2：42

階磚3：43

階磚4：44

階磚5：45

階磚6：46

階磚7：47

階磚8：48

階磚9：49

階磚10：40

至於Jack到King，我們先說Jack，因為比較簡單。我們就將4個花色本身的影像用於Jack的4張牌之中，即：

葵扇J：葵扇

紅心J：紅心

梅花J：梅花

階磚J：階磚

Queen及King方面，我們可以將Queen想像成女性，King想像成男性，你可以代入你自己親戚或朋友的面孔進去，例如葵扇Q代表你的好朋友Stephanie，紅心Q代表你的表妹Nicole等等；不過，最簡單的方法莫過於利用「四大天后」代表4張Q，「四大天王」代表4張K，也可以利用你自己熟悉的明星或歌星替代。我自己的版本是：

葵扇Q — 鄭秀文

紅心Q — 容祖兒

梅花Q — 楊千嬅

階磚Q — 陳慧琳

葵扇K — 張學友

紅心K — 劉德華

梅花K — 黎明

階磚K — 郭富城

重申一點，最重要是以易記為原則，我所列舉的明星或歌星可能你不太熟悉，你大可以將自己熟悉的明星或歌星代進去。

知道了方法之後，我們就可以開始練習了。練習的方法是，先順序記下10張牌，然後記20張牌，然後記30張牌⋯⋯如此類推，直至可以順序記得下52張牌為止。記牌的過程在起初可以重複記3次以作確認，在熟習了之後可以重複兩次，甚至只記一次就可以了。

在開始的時候記不下整副牌又或者有一些忘記了不要緊，因為這是人人都會經歷的事情，還有就是同一組地點不能在一天之內使用超過一次，因為如果你剛記下整副牌不久，比方說10分鐘吧，你又馬上用同一組52個地點再記牌，這樣你的影像便會重複，在回憶（Recall）的時候就容易混淆了。

記牌一定要持之以恆，如果你能夠每天都記一次，持續自我訓練3個月的話，正常情形下你可以在3個月之後將整副牌記下來；當你可以在兩分鐘之內將整副牌記下來而沒有任何錯漏的話，你就可以參加世界記憶大賽（World Memory Championship）了，因為要成為記憶大師（Grand Master of Memory）的其中一個條件，就是要在兩分鐘之內記住一副牌。

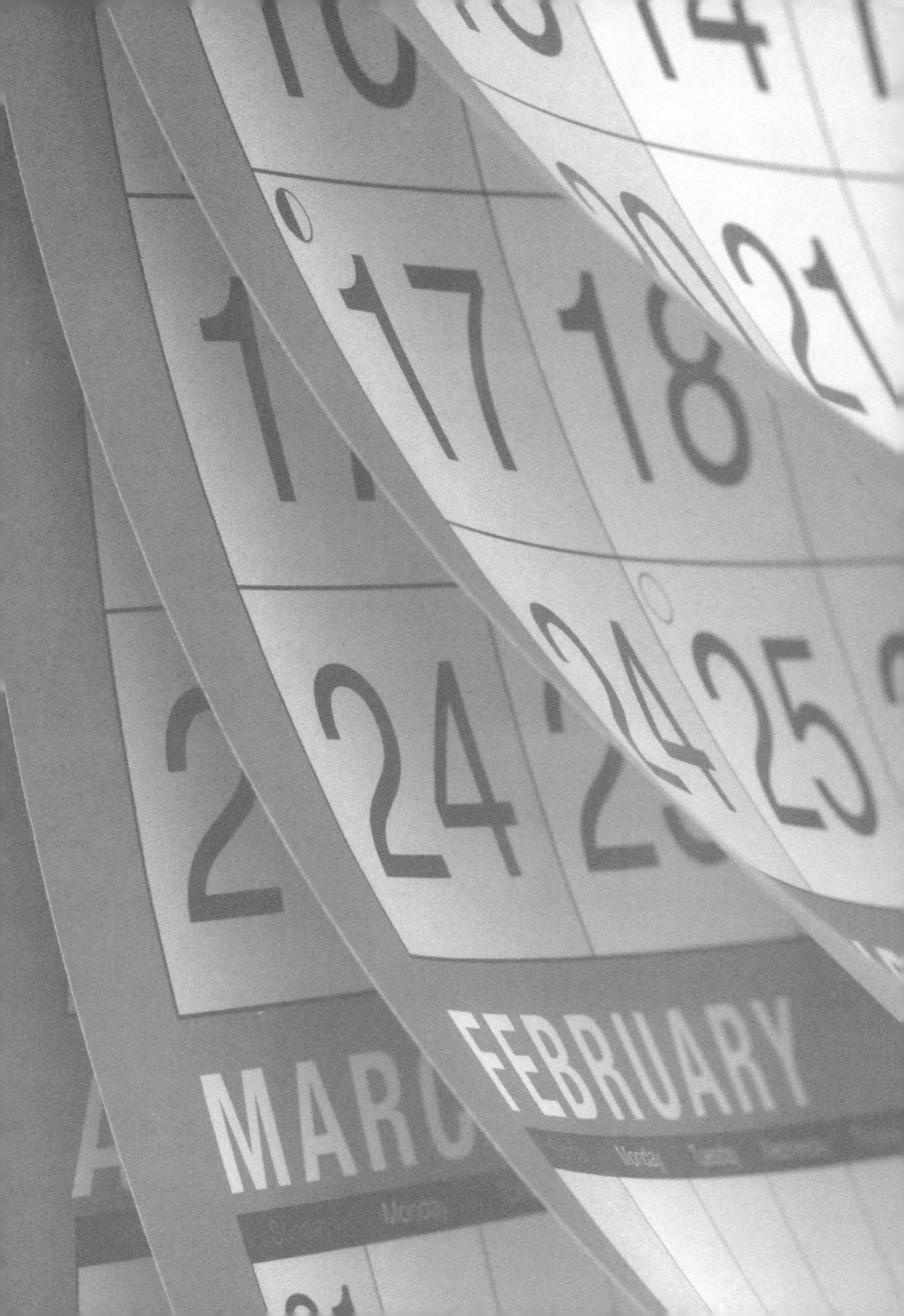
FEBRUARY
MARC
Monday

CHAPTER 5 FIVE

第五章
增強記憶心得 Q&A

相信大家在看完前面的章節之後，已經對記憶術
有了全面的認識。在這一個章節，我想和大家分
享一下記憶的心得。透過不同的資料和我的心
得，希望能使大家更全面地掌握記憶術的技巧。

Q1　中國人對辨別圖像天生異稟？

答：有些人會覺得在腦海中做影像很困難，他們覺得在短時間內要在腦海中馬上就眼前的文字或事物轉化為影像是一件很困難的事，到最後就只有利用強記硬背的方法去記憶了。其實這樣的想法是大錯特錯的，因為中國人從小時認記中文字開始，就不停地做影像。

中國文字有一個特色，就是每個中文字都是一個影像。中文和英文不同，英文字是由26個英文字母組合而成，而每個中文字則是一個獨立的圖像，所以我們在記憶中文字的時候，其實就是在認記影像；文字學家認為，中文是最難學習的語言。

例如「日」、「月」、「井」、「一」、「田」、「人」等等，這些都是由圖形轉化出來的文字，所以我們在不知不覺間，從少就已經開始利用圖像去記憶我們熟悉的語言：中文。

其實將文字轉化為圖像是一個過程，每個人在一開始的時候都可能會覺得有點困難，可是我們不應該因為這些困難就輕易放棄，而走回強記硬背的道路。只要我們能夠克服開始時的障礙，我們就可以磨煉出高超的記憶術，從而提高我們的工作能力，亦令我們的人生更精彩。

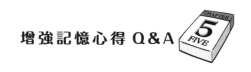

Q2 何謂全腦學習？

答：人體的腦部構造可分為左腦和右腦，它們各司其職，負責不同的工作：左腦負責一些比較有邏輯的東西，例如文字、分析、語言和整理等等，右腦則負責一些感官的東西，例如圖像、顏色、氣味和聲音等等。

傳統的強記硬背學習模式是利用左腦來完成工作。在清醒時，我們的大腦是不停活動的；所以如果在學習時只用左腦的話，右腦便會因為沒有工作而自己找事情來做——發白日夢。因為白日夢就是圖像、聲音和氣味的結合，所以在強記硬背了一段時間後精神不能集中，就是這個道理了。

「全腦學習」就是全腦部總動員，左腦及右腦一齊工作。「全腦學習」的好處，就是它能夠將左腦及右腦的功能全面發揮，從而得到最好的效果。利用「全腦學習」，右腦就沒有空閒的時間發白日夢，因為左腦不斷將資料交給右腦做影像，所以在學習過程中會更專心，可以記住的東西也比較多，印象當然也更加深刻了。

極速領悟：
「全腦學習」就是全腦部總動員，左腦及右腦一齊工作。

161

Q3 無印象是否等於沒有記憶？

答：你是否間中會有以下所述的情形：想説一件事，明明掛在口邊，卻又説不出來，腦海中彷彿全然沒有印象；可是經別人一提，卻又「哦」的一聲恍然大悟，可是到下次情況也是一樣，沒有別人提起自己怎樣想也想不出來。

人的腦袋是很複雜的東西，大腦研究專家到現今為止，還未能夠準確地説出人的腦袋哪一部份負責哪些記憶，有的也只是一個大概而已。

到底每個人所認記的資料放在大腦哪個位置呢？沒有人能夠清楚指出。但是可以肯定的是，每個人的腦袋都可以藏下很多資料，從未聽説過有人記不下新的東西是因為記憶已滿，像電腦的記憶咭資料爆滿一樣。

有專家在愛因斯坦死後研究過他的腦袋，發現他用到的腦細胞只是佔整個大腦的百分之十。由此可見，我們用到的腦細胞還是非常之少，也沒有用完的一天。但是，我們一定要知道大腦的記憶規則，我們才可以增強自己的記憶力。

傳統式的左腦背誦，你可以將大量的資料認記下來。可是在需要

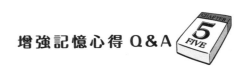
提取這些資料的時候，你卻沒有辦法回憶。原因是你沒有在認記的時候為大腦做線索以便提取資料。而記憶術正是幫助你將每一樣要認記的東西做線索，幫助自己日後回憶。

怎樣去為自己要認記的東西做線索呢？很簡單，我們只需要記住，大腦是有系統的，一件東西會引發我們記起另一件東西。如果我們要記住一件事，就要利用另外一件事來做引子。本書中所介紹的「地點法」和「房間法」就是利用這個原理。大腦很難憑空想像到一些沒有線索為引子的東西，所以將要記認的東西具體化，再加上線索就是最好的方法了。

例如，我們有10樣東西需要辦妥，在自己心中默記這10樣東西之後，如果沒有線索，過了一會兒就可能會忘記了一部份；可是，如果我們利用「地點法」或「房間法」將要記下來的東西放進不同的地點之中，過了一段時間你卻仍然能夠記得清清楚楚，因為地點就是線索。

極速領悟：
將要記認的東西具體化，再加上線索就是最好的方法。

163

Q4　年紀越大是否代表記性越差？

答：年紀越老記憶力就會越差嗎？很多人都會有這種想法，因為大部份人到了中年以後，都會發覺自己的記憶力大不如前，有很多東西都記不牢，又或者轉眼就忘記了，可是事實並不是這樣。

曾獲世界記憶錦標賽冠軍多次的多明尼 ● 拜恩（Dominic O'Brien）現在已經40多歲，而曾獲世界記憶錦標賽全場總冠軍的葉瑞財博士現時50多歲。由此可見，記憶力不一定會因為年紀越老而變得衰退的。

我們也聽過家中的長輩說及童年時的往事，他們可以很細緻地描述數十年前所發生的事情，歷歷在目，如數家珍，這是因為他們對那些事情印象深刻，所以久久未易忘記。我們自己或多或少也會記住一些在童年時期發生在自己身上的事情，而這些事情並未因為時間過去而被忘記了。

成年人記憶力衰退的原因，是因為人生經驗豐富了，面對的事情也越來越多，所以對面前所發生的事情並未能如以前一樣專注，所以未能牢牢記住；相反，小孩子所接觸的事情不多，人生經驗尚淺，所以發生在他們身上的事情他們都會印象深刻。

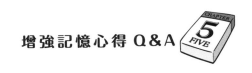

很明顯，一個80歲的老人家和一個10歲的小孩子的記憶力會有所不同，現代的醫學也告訴我們記憶力會隨著年紀長大而日漸衰退。但很重要的是，這個衰退的曲線並不如我們想像的那樣快，如果你能夠把握記憶術的話，你絕對可以有能力抗衡這個記憶衰退的現象。

不管學什麼，小孩子學習的速度都會比成年人快得多，因為小孩子需要顧及的事情不多，他們很容易就能專注地學習；可是，小孩子很快又會變得不專心，因為他們的心智尚未成熟。而且小孩子遺忘的速度也很快，因為他們沒有「要將東西長期記下來」的想法。成年人在上課時，心裡可能想著家裡的小孩子，可能想著日間工作未能解決的問題，可能想著女朋友等等，這些都是容易令到成年人分心的地方，但如果能夠做到專心一致的話，成年人的學習能力絕不比小孩子低。

極速領悟：
把握記憶術，可以抗衡記憶衰退的現象。

Q5 什麼是「前攝抑制」和「後攝抑制」？

答：讓我們先來作一個實驗，我們試著不利用任何記憶方法，努力記住以下的一組數字：

153278495783944

看後請你蓋上書本，看看你能夠認記到多少個數字。

根據研究的結果，一般人利用左腦去強記以上的數字，一次大概能夠記住7個數字左右，有些人則可以記住9個。這個實驗的重點，不是要看你能夠記住多少個數目字，而是要看你能夠記住那些數字。

這個實驗得出來的結果是，大部份人都會記得開始時的幾個數目字及最後的幾個數目字，可是幾乎沒有人能夠記得住中間的數目字。為什麼呢？

因為在開頭的數目字之前沒有任何數目字，所以受到的干擾不大；而在最後的數個數目字之後也是沒有數目字，所以受到的干擾也是不大。可是在中間的數目字，前面既有數目字，後面也有數目字，所以同時受到前面及後面的數字所影響而變得複雜起來，這就是我要在本篇說明的「前攝抑制」及「後攝抑制」。

無論是記數目字也好，記文章也好，一開頭及最後結尾的內容總

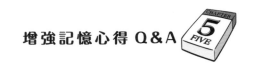

是印象比較深刻，而中間的資料通常都比較難認記。因此，我們有必要將所認記的資料分為數個部份，令到每一個部份都是有開頭及有結尾，這樣我們就更加有把握將要認記的資料記下來。

除此以外，我們在學習的過程也是一樣，如果連續4小時學習的話，我們通常都會記得最開始的頭15分鐘及最後15分鐘學習的東西，而中間所學習的東西會比較容易忘記，這個是因為受到「前攝抑制」及「後攝抑制」的影響。

但如果我們能夠將學習的時間分為4部份，每部份為一小時的話，我們就能夠多出6個15分鐘比較不受影響及容易記得住東西的時區了。所以，學習時間不宜太長，應該分為不同的階段，讓大腦有休息的時間。

極速領悟：
我們通常都會記得最開始的頭15分鐘及最後15分鐘學習的東西。

Q6 可不可以解釋一下什麼叫「艾賓浩斯遺忘曲線」？

答：我們在學習或記憶的過程當中，方法固然重要，可是我們也不能忽略了複習的週期。

有很多人都會有個誤解，就是關於遺忘的週期。大部份人都會認為同一樣東西每天不停的作複習就可以記住，可是這樣是浪費時間的做法。因為我們每天要記憶的東西實在太多，如果每一樣東西每天都要重複做認記過程的話，就會費時失事，而且日積月累，要複習的東西會越來越多，到時可能會形成「兩頭不到岸」的情況。要將記憶術運用自如，我們就要知道正確的複習週期；我們有必要知道東西要記多少次才能記得住及何時複習才是最好的時機。

德國有一位著名的心理學家叫艾賓浩斯（Hermann Eddibghaus，1850－1909），他在1885年發表了他的實驗報告之後，記憶研究就成了心理學之中被研究最多的領域之一，而艾賓浩斯正是發現記憶遺忘規律的第一人。

他的研究結果對後人起了很大的啟發作用，因為他發現了人類大腦的遺忘速度。他發現，外間輸入的訊息在背誦之後，便成為了人類的短期記憶，但如果不經過及時的複習，這些暫存的短期記憶很快就

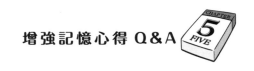

會被遺忘。如果經過了及時的複習，這些短期記憶就會轉化為長期記憶，而且可以在大腦保持一段很長的時間。

在我們來說，什麼叫做遺忘呢？遺忘的定義就是我們不能夠將曾經記住的東西再次回憶起來，看到了不能辨認出來，又或者是錯誤的辨認或錯誤的回憶，這些都是遺忘。

剛剛記憶完畢	100%
20 分鐘後	58.2%
1 小時後	44.2%
8 小時後	35.8%
1 天後	33.7%
2 天後	27.8%
6 天後	25.4%
1 個月後	21.1%

艾賓浩斯在做這個實驗的時候，是以自己作為測試的對象，他挑選了一些全然沒有意義的英文字母例如bcfq、fkht、nbsz等作為認記的資料，然後在往後不同的時間作認記而得到了以下的資料：

從以上的資料我們可以看得出，人的遺忘速度是有規律的，可是遺忘的過程卻不是均衡的，它不是一天忘了3個英文字，到第二天又忘掉3個英文字那樣平均。事實是，開始的時候遺忘的速度最快，

後來就逐漸減慢了；當過了較長的時間後，便幾乎不再遺忘任何東西了，這就是著名的「艾賓浩斯遺忘曲線」。

　　如果我們可以因應這個「遺忘先快後慢」的規律，而訂出自己的複習週期的話，我們便能更有效率地認記東西及資料。你會發覺如果你不在一天後立即作出複習的話，你所能記住的只有33.7%，即六成半的東西你已經遺忘了。反之，你如果能夠及時作出複習的話，你並不需要往後每天連續一個月都不停地進行複習。

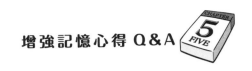

根據艾賓浩斯的遺忘曲線，**我們只需要在當天、第二天、第七天和第三十天進行複習，東西就會記得牢。我們一定要好好把握這個「黃金複習週期」**，既省時間又可以更有效率地認記東西。

此外，艾賓浩斯還在這個記憶實驗中發現，記住12個毫無意義的字母，平均需要重複16.5次，而記住36個毫無意義的字母平均需要重複54次；可是記住6首詩詞中有意義的英文生字，總共為480個字母的話，卻只需要重複8次就可以了。這個實驗告訴我們，理解了的知識或資料會認記得比較快，比較全面及比較牢固；所以，強記硬背所需的次數就會比較多且不容易記得牢。

極速領悟：
艾賓浩斯「遺忘曲線」的定律是遺忘先快後慢。

Q7 為何連體嬰、戴錯錶和寫便條會是「記憶三寶」？

答：有很多人在日常生活中常常會忘記一些簡單的事情，例如出門才發覺自己忘記了帶手提電話，回到家裡才記起應該要去洗衣舖拿衣服等等，這些都是我們每天都發生的事情。如果能夠有一些方法可以幫我們認記這些東西就好了。

我在這裡想介紹兩招我常用到的技倆：連體嬰（Siamese Twins）及戴錯錶（Put the watch on the wrong wrist）。這兩種方法都是專門應付日常生活小事的記憶方法。

（一）連體嬰（Siamese Twins）

我每天起床都會飲一瓶雞精提提神，以應付一天下來繁忙的工作。可是很多時候我都會忘記飲用就出門了。我想了很久，終於想到利用「連體嬰」這個方法來幫助我提醒自己。

「連體嬰」的應用方法，就是利用一樣你必定要做的東西來提醒自己去做另一樣東西。當我們看到一樣東西的時候，就會提醒我們要去做另一件事情。在以上例子中，我便利用另外一樣我每天出門前一定要做的東西去提醒自己。我將雞精放在手提電話旁邊，這樣，當我

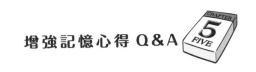

出門拿起手提電話的時候，我就會同時看到雞精，這樣我就會記得飲用雞精了。

同一道理，當你要記住「出門帶鎖匙」這件事情時，你可以將鎖匙放在手提電話上面；當你要記住「出門要帶銀包」的時候，你可以早一天將銀包放在明天要穿的褲子當中。就這樣，你就可以毫無困難地將要做的事情做妥，一件也沒有遺漏。

（二）戴錯錶（Put the watch on the wrong wrist）

戴錯錶的應用方法，就是將一些不合理的東西先做出來，然後做一個影像，在不經意看到這件不合理的東西的時候，你就可以回憶得到之前所記住的事情。

就拿買米來說明吧，例如你出門的時

候，丈夫叫你回來時要記得到超級市場買米，因為家裡的米用光了。
這時候，你可以將手錶戴在你不常戴的那一邊。例如你平日是將手錶
戴在左邊的，你就可以將手錶戴在右邊；這樣，當你有需要看錶的時
候，你會發覺手錶戴錯了，你馬上就會記得買米的事情。

　　引申下去，你也可以將一把量尺放在地下來提醒自己交電費，當
你看到地下有一把量尺的時候，你就會覺得不尋常，繼而記起要交電
費這件事。

寫便條

　　我們可以在平日養成一個良好的習慣，就是將要做的事情，在每
天臨出門口的時候寫在一張便條上，然後放進口袋。當每天要回家的
時候，就拿口袋裡的便條看一下，這樣就可以知道有什麼東西還未做
妥，一目了然。

　　但請記著，這個動作一定要每天都做，這樣才可以養成「臨離家
或回家要看便條」的習慣。

　　以上的3種方法，都是很實際而又常用的方法來幫助我們記住一
些小事情。

極速領悟：
「連體嬰」、「戴錯
錶」和「寫便條」都
是很好的記憶方法。

174

Q8 我們要如何才能有條不紊地幫助回憶？

答：如果我們的生活有條不紊的話，日後要回憶起之前生活的一些事情就會比較容易。可是，很多人就是不明白「有條不紊就是記憶的一部份」這個道理，以致每天都生活在雜亂無章的環境之中，結果很多東西都不易回憶出來而製造了很多問題。

要生活有條不紊，我提供以下3點給各位作參考，這些都是我每天日常工作或生活上都有應用，而且是很實用的方法。

東西擺放要有固定位置

在我的日常生活中，我會盡量將不同的東西放在固定的位置，例如剪刀、指甲鉗、萬字夾、釘書機和計數機等，這些東西都是寫字樓或家居的日用品。如果我們能夠將這些東西擺放在固定位置的話，久而久之，大腦就會自動將這些東西擺放的地點作出認記。當你想要拿取這些東西的時候，你就會毫無困難地將東西找出來。

那些生活沒有規律的人都是隨意將這些日用品到處亂放，到需要的時候根本就不知道往哪裡找。例如剪刀，這次放在書桌的櫃桶裡，

下次又放在電話茶几下面，這樣根本就沒有線索，這些人往往要浪費很多時間才可以找得到想要找的東西。

將物件歸類然後做標籤

我們可以將不同的物件歸類，然後做上不同的標籤；這樣，當我們要找東西時，就可以到相關的地方去找。例如電線，如果你東一條、西一條這樣放置的話，你根本就不會找得到，但如果你用一個標籤為「電線」的盒子放電線的話，你很容易就會找得到了。

同樣道理，雜誌應該全部放進雜誌架，書本也應按不同性質歸類而放在書架上。在我來說，由於我的參考書甚多，甚至每書本的位置也要固定。

電腦檔案要分類

現在是電腦的世界，幾乎家家戶戶都有電腦。因此，需要處理的檔案數目數以百計，甚至千計，如果你就這樣放進電腦而沒有任何識別的話，你很難一下子就能找出來。因此，我們有必要將電腦檔案按照不同的類型來分類。最常見的有「我的相片」、「我的影片」、「我的音樂」等等。

CHAPTER
5
FIVE

　　另外，有必要時也要在檔案名字前加上日期，這樣我們很容易就可以在該資料夾之中利用檔案日期來順著編排次序，方便我們抽取資料，例如「040104＿＿記憶術備份」。我通常都會用3組兩個，合共6個數字來代表該檔案的年、月、日，而又將同類型的檔案放進同一個資料夾之中。這做法的好處是當我開啟這個資料夾時，電腦會自動將這些檔案利用日期排序，非常清楚。

極速領悟：
要有條不紊地幫助回憶，方法是從生活上的小節著手。

Q9 要怎樣做影像才能最有效地幫助記憶？

答：要將東西記得牢，我們就要運用記憶術。可是，不同的人對記憶術會有不同的體會。有些人會覺得很容易，有些人會覺得很難，其分別在於影像是否清晰及自己是否記得住。

要令到影像容易記住，我們有以下數點需要注意。

以自己來做影像

人對自己發生的事情都會印象深刻。因此，我們應盡可能以自己為開始做影像，例如鉛筆，你可以只想像一枝鉛筆，也可以想像被鉛筆塗污自己的恤衫，後者的影像肯定比前者清晰。

影像要誇張及不合邏輯

太過平凡的影像你不容易記住。所以，如果可以的話影像要盡量誇張及不合邏輯，如前文說過的斑馬過馬路，由於這是一個不常看到的情形，所以印象會特別深刻。

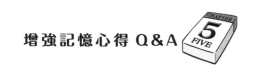

在「地點法」之中，我們要將影像放在不同的地點去作認記。如果你就這樣將東西放進不同的地點之中的話，你在過後的回憶過程可能會有困難。但如果你能夠將東西加以誇張化及製造一些不合邏輯的情景的話，你很容易就會回憶出來了。

就拿「牛奶」來作説明吧，如果你將「牛奶」放在一個地點之中你很快就可能沒有什麼印象了；但如果你想像成「牛奶在那個地點打碎了，弄得一地都是牛奶」的話你就會印象深刻了。

大小不成比例

其實這個是「影像要誇張及不合邏輯」的延伸。影像如果大小不成比例，你會比較容易記住；例如「熱狗」及「風扇」，你可以想像一條有一座樓宇那麼大的熱狗壓著一把風扇。想像力是無窮的，我們不應被現有的框框局限著我們的思維。

加上顏色、聲音、氣味

顏色是視覺，聲音是聽覺，氣味是嗅覺，這些都是我們的感官。所以，替要認記的東西加上顏色、聲音、氣味，都可以幫助我們回憶。

例如我們要利用「椅子」做影像。「椅子」通常都是啡色的，我們可以想像成一些刺眼的顏色例如紅色、綠色都可以；當椅子放進地點之中，我們可以想像一些椅子撞擊那個地點的聲音，我們也可以幫那張椅子加上一些獨特的氣味來幫助我們回憶。這樣，我們所做的影像就容易記得多了。

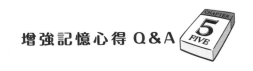

Q10 什麼才是學習記憶術的成功關鍵？

答：理論固然重要，可是即使你精通了所有記憶術的理論，如果你從來沒有練習過的話，你也是不能提高你的記憶力的，更遑論應用在日常生活之中了。我從未聽說過有一個人可以單單從書本之中獲得運動的知識，然後在運動場上就會得到很好的成績的；也從未聽過一個學生可以只記住數學的理論，不做任何練習就可以懂得怎樣計數。

記憶術、運動及數學都一樣，一定要不停地反覆練習才可以提高自己的能力。即使熟習了以後，也還是要不停作長時間的練習才可以保持；不練習水準就會下降。讓我舉一個例子說明練習的重要性：連獲8次奪得世界記憶錦標賽冠軍的多明尼，在最近數年都得不到任何獎項。如果他曾經多次獲得世界冠軍的話，他應該對記憶的技巧駕輕就熟，理論上每次都有很大機會再獲得世界冠軍的，可是事實並非如此。

個人估計，是他在獲得了世界記憶錦標賽冠軍之後花在商業上的時間多了，結果因為再沒有足夠的時間練習而導致成績倒退了。

極速領悟：
「練習、練習再練習」就是記憶術成功的關鍵。

CHAPTER
6
SIX

第六章
增強學習篇

我看過許多家長因為望子成龍的心切，於是強迫小朋友報讀補習班，殊不知他們都忽略了一件事：小孩子在課後根本沒有精神上補習堂，這樣催谷的結果，只是適得其反。

「讀書要有方法」是個不爭的事實，這個世上極聰明的和極愚蠢的小孩子只佔少數，大部份的小孩子都是不過不失；如何讓「不過不失」的小孩子變成聰明的小孩子，善用記憶街就是關鍵所在了。

小孩就是小孩
強記背成效低

「小孩就是小孩」這句說話看起來像是句廢話，可現今大部份的家長都不將小孩當作小孩。

人是自私的，每個人都會將主觀的意願強加在別人身上。對自己的兒女，很多家長都從來沒有切身處地為小孩設想，只會將自己想做的東西強行加進小孩子的生活之中。他們不理會小孩子是否喜歡鋼琴，就硬要他們上鋼琴班。他們不理會小孩子是否喜歡速算，又要他們上速算班。為的，表面上是他們的前途，可是實際上卻可能扼殺了他們一生的命運。

為人家長，應當多和子女溝通，明白他們的興趣，如果他們對鋼琴沒有興趣，你硬要拉他上鋼琴班也是沒有用的。

要提高他們的讀書成績，並不是將自己的願望強行加進小孩子的生活裡面，而硬要他們上無數的補習班。試想想，每天都要上學，

一天剩下來的時間已經不多了，又要應付功課。如果強要他們上補習班的話，他們在課堂上便一定不會專心，而讀書根本不是用時間來衡量，而是要看他們認記了多少東西。如果沒有心機的話，你強迫他們一天溫習16個小時也是沒有用的。

小孩子和成年人的最大分別就是經驗，有很多生字或資料我們一看就知道，可是在小孩子的世界裡，他們根本就沒有法子明白。

比方說「下雨」的「雨」字吧，我們當然一看就知道了，可是在沒有學習過「雨」字的小孩子看來，他們根本不明白「雨」字的意思。

我看過有家長硬要他的兒子記下「雨」這個字，可是他完全沒有方法，只叫他兒子默寫，然後又再問他，看他是否記得住。就這樣，過了很久他的兒子還是沒有辦法認記。他覺得自己的兒子很蠢，因為別的孩子很快就記得住這個字，唯獨是他的兒子久久也未能做到。

　　我就對他說，這只是他的主觀願望，驅使他覺得兒子資質及不上人家。因為在這個家長的心目中，「雨」字只是一個很簡單的字，他根本不明白兒子為什麼不能記住。於是，我叫他不用乾焦急，我有信心在5分鐘之內令他記住「雨」這個字。

　　我先問那位小朋友說：「怎麼啦？其實這個『雨』字很易記的，你一定可以記得住。」剛哭罷的小朋友定著眼睛看著我，他不明白怎樣可以記得住這個字。

　　我問他：「你知不知道什麼是『落雨』？」他點頭。

　　於是我又問他：「你看這個字，是否有4點雨水？」他又點頭。

　　我最後問他：「你看這個字，是否像你想出外玩，但外面又下著雨，所以爸爸不准你出去，害得你只可以呆立在窗前望著雨水呢？」他大力點頭。

　　於是，我只是花了兩分鐘，他已經可以毫無困難地默寫出「雨」這個字來。直至下次再問他，他也很高興，也很自豪地寫出「雨」這個字。我知道，每當他想寫這個「雨」字的時候，他都會想起在窗前

望著窗外下雨的情景。

在窗前「望著街外的雨景」，這就是熟記「雨」字的線索。日後，每當這個小孩子想起這個線索的時候，他就會知道「雨」字是怎樣寫的。

教導孩子最重要的，是不要將你的思想強行加進孩子的腦袋之中，而是應該幫他一起做線索幫助他們回憶。

極速領悟：
為人家長應該多和子女溝通，不要硬將自己的意願加在小孩子的身上。

過目「畢」忘
學業成績倒退的致命傷

　　我在前文已經說過，無論是成年人或小朋友，記憶力差是阻礙成功的關鍵。雖然我們可以不斷認記新事物，可是我們卻要花更多的時間去複習或重新回憶舊的東西，形成永遠不能進步的原因。

　　所以，要令小孩子的學業成績突飛猛進的話，我們就要防止他們將唸過的書本知識遺忘，而不是強迫他們用大量的時間去強記硬背。有些家長覺得小孩子不讀書就是不勤力，因而強迫他們放棄遊玩的時間來強記硬背，我覺得很可惜。

　　要知道，如果能夠運用記憶術不停做線索及影像的話，一個每天只用60分鐘讀書的小朋友，成績一定不會比每天用上5小時唸書的小孩子差。成績倒退的關鍵，就是因為遺忘的比認記的多。

　　正統的記憶術對8歲以下的小朋友來說，可能會比較不適合。因為8歲以下的小朋友的生活經驗相對地不太豐富，令他們沒法運用「地點法」或「諧音法」做影像。可是，如果家長能夠幫助他

們提供所需要的影像的時候，他們就可以很簡單地記憶所需要的
資料了。

　　所以，家長未必一定要他們年幼的子女學習記憶術，相反，父母
可以先讓小朋友了解記憶術的運作，然後幫助他們做影像，和他們一
起溫習功課；這樣，讀書就變了一個遊戲，和其它遊戲一樣，目標就
是要記得多，記得快；由於家長是和小朋友一起去作認記，而不是單
向地叫他們默寫，所以和子女之間的關係也會得到大大的改善。

極速領悟：
為人家長應該多和子
女溝通，不要硬將自
己的意願加在小孩子
的身上。

「一咭傍身　世界通行」
白咭片的妙用

　　用白咭片輔助記憶，幫助子女溫習功課，是一個很好的溫習方法，成效也很大。

　　最常見的應用是方法，是在認記英文單字的時候，家長可以幫助子女製作一些白咭片，一面寫上英文生字，另外一面則寫上該字的解釋。

　　我們可以不必一次過要孩子認記所有生字，如果他們要認記300個生字，我們可以幫助他們每次分10個來認記。到認記了所有生字後，我們就可以提高要求，要他們每次以20個來認記，如此類推。例如有些英文單字，當小孩子認記了數次都毫無困難後，我們就可以把它們抽起。

　　製作白咭片的時候也要幫助他們做諧音，如果在造了諧音之後，小孩子數次也不能回憶出正確的解釋時，就可能是影像出了問題。家長在這個時候應該問一問小孩子自己覺得那個英文生字像什麼或要求他們自己做諧音，這樣他們就會比較容易認記了。

別讓右腦閒著
打罵只會令孩子
強記硬背

傳統的家長沒有教學的心得或經驗，以為打罵就是最好的方法，或者是沒有方法中的方法。

小孩子不讀書的原因有很多，其中一個就是他們對讀書不感興趣，而不感興趣的原因是他們在讀書之中找不到滿足感，又或者他們只懂得強記硬背。要知道，強記硬背是左腦的功能，而發白日夢則是右腦的功能。我們不難看到強記硬背的小孩子在溫習中途睡著了，又或者在發白日夢；因為他們只用到左腦的功能，而右腦沒有事做，於是就不停地為自己做影像、氣味、聲音，所以就會發白日夢了。

要讀書集中精神，我們就需要小孩子同時利用左腦及右腦去溫習。最好的方法，就是不讓他們的右腦閒著；而做影像就是不讓他們右腦空閒的方法。

所以，讀書不能強記硬背，一定要他們將文字圖像化，運用他們的想像力才可以。

極速領悟：
讀書不能強記硬背，一定要將文字圖像化，運用想像力。

191

快速記憶法　三分鐘知識打包　其實唔難

作　　　者：龍震天
責任編輯：尼頓
版面設計：陳沐
出　　　版：生活書房
電　　　郵：livepublishing@ymail.com
發　　　行：香港聯合書刊物流有限公司
　　　　　　地址　香港新界大埔汀麗路36號中華商務印刷大廈3字樓
　　　　　　電話（852）21502100
　　　　　　傳真（852）24073062
初版日期：2018年7月
定　　　價：HK$88/NT$280
國際書號：978-988-13849-4-2
台灣總經銷：貿騰發賣股份有限公司
　　　　　　電話：（02）8227 5988